REIHE AUTOMATISIERUNGSTECHNIK

HERAUSGEGEBEN VON B. WAGNER UND G. SCHWARZE BAND 50

Gunter Schwarze

Regelungstechnik für Praktiker
Formeln – Kurven – Tabellen

2., durchgesehene Auflage

FRIEDR. VIEWEG & SOHN
BRAUNSCHWEIG

REIHE AUTOMATISIERUNGSTECHNIK

RA 51 *Bode:* Lochkartentechnik
RA 52 *Paulin:* Kleines Lexikon der Rechentechnik und Datenverarbeitung
RA 53 *Greif:* Meßwert-Registriertechnik
RA 54 *Jeschke:* Kleines Lexikon der Betriebsmeßtechnik
RA 55 *Töpfer,* u. a.: Pneumatische Bausteinsysteme der Digitaltechnik
RA 56 *Weller:* Regelung von Dampferzeugern
RA 57 *Mütze:* Numerisch gesteuerte Werkzeugmaschinen
RA 58 *Heimann:* Radionuklide in der Automatisierungstechnik
RA 59 *Fuchs/Weller:* Mehrfachregelungen
RA 60 *Queisser:* Instandhaltung von Automatisierungsanlagen
RA 61 *Peschel:* Einführung in die statistischen Methoden
RA 62 *Töpfer,* u. a.: Pneumatische Steuerungen
RA 63 *Kochan/Strempel:* Programmgesteuerte Werkzeugmaschinen und ihr Einsatz
RA 64 *Brenk/Eichner:* Integrierte Datenverarbeitung
RA 65 *Gensel:* Zerstörungsfreie Prüfverfahren
RA 66 *Worgitzki:* Elektrisch-analoge Bausteine der Antriebstechnik
RA 67 *Kerner:* Praxis der ALGOL-Programmierung
RA 68 *Pankalla:* Aufbau und Einsatz von Prozeßrechenanlagen
RA 69 *Timpe:* Ingenieurpsychologie und Automatisierung
RA 70 *Böhme:* Periphere Geräte der digitalen Datenverarbeitung
RA 71 *Dutschke/Grebenstein:* BMSR-Einrichtungen in explosionsgefährdeten Betriebsstätten
RA 72 *Müller:* Automatisierungsanlagen
RA 73 *Paulin:* FORTRAN — Kodierung von Formeln
RA 74 *Paulin:* FORTRAN — Datenbeschreibung und Unterprogrammtechnik
RA 75 *Gottschalk:* Darstellungen und Symbole der Automatisierungstechnik
RA 76 *Hart:* Kontinuierliche Flüssigkeitsdichtemessung
RA 77 *Börnigen:* Elektronische Datenverarbeitungsanlage Robotron 300
RA 78 *Krebs:* Rechner in industriellen Prozessen
RA 79 *Böhme/Born:* Programmierung von Prozeßrechnern
RA 80 *Lemgo/Tschirschwitz:* Programmierung des Robotron 300 — Zentraleinheit
RA 81 *Lemgo/Tschirschwitz:* Programmierung des Robotron 300 — Peripherie
RA 82 *Mikutta:* Bauelemente der Industriepneumatik
RA 83 *Dörband* u. a.: Praxis der FORTRAN-Programmierung — Grundstufe
RA 84 *Dörband* u. a.: Praxis der FORTRAN-Programmierung — Oberstufe

ISBN 978-3-663-03985-3 ISBN 978-3-663-05431-3 (eBook)
DOI 10.1007/978-3-663-05431-3

Lektor: *Jürgen Reichenbach*

Bestellnummer: 5050

Satz und Druck: Engelhard-Reyhersche Buchdruckerei KG, Gotha

Einbandgestaltung: *Peter Kohlhase*

Vorwort

Die REIHE AUTOMATISIERUNGSTECHNIK kündigt in ihrem Titel ein Gebiet an, das sich ständig ausdehnt und an Bedeutung gewinnt. Um über ein so großes Gebiet schnell und umfassend zu informieren, wurde von den Herausgebern und dem Verlag die Form eines Handbuches in Einzelbänden gewählt. — Modern ausgedrückt: Ein mobiles Buch.

Es ist bei einer sich so stürmisch entwickelnden Technik nicht möglich, ein starres Skelett aufzustellen, das dann für einen größeren Zeitraum Gültigkeit hat. Daher wurde eine zwanglose Erscheinungsfolge gewählt.

Inzwischen ist die Reihe zu einem stattlichen Druckwerk von rund 6000 Druckseiten gewachsen. Ein Blick auf das Gesamtverzeichnis zeigt, daß hier ein Handbuch entstanden ist, das aktuelle und volkswirtschaftlich bedeutende Themen behandelt.

Die Begrenzung des Umfangs auf etwa 80 Druckseiten bietet zwar auch dem vielbeschäftigten Fachmann die Möglichkeit, sich in wohlabgemessenen Dosen die neue Technik anzueignen; die Arbeit der Herausgeber und der Autoren jedoch wurde durch diese Forderung wesentlich erschwert. Allen Beteiligten sei für ihre Arbeit und ihr Verständnis gedankt.

Die Reihe umspannt einen weiten Themenkreis mit folgenden Gebieten

> Grundlagen — Betriebsmeßtechnik — Bauelemente, Geräte und Anlagen — Rechentechnik und Datenverarbeitung — Planung, Projektierung und Anwendung.

Das Hauptanliegen dieses Bandes ist es, die Ergebnisse der Regelungstheorie für die nutzbringende Anwendung durch Praktiker aufzubereiten. Er bietet gewissermaßen einen Schlüssel zur Theorie. Die 2. Auflage wurde vom Autor auf Druckfehler durchgesehen und an einigen Stellen ergänzt.

Der Verlag

Inhaltsverzeichnis

Hinweise für den Benutzer des Bandes

Immer häufiger wird der Regelungstechniker aus dem Blickfeld der Praxis heraus die Erkenntnis gewinnen, daß ihm die Theorie der Regelungstechnik in vielen Fällen willkommene Hilfestellung bei der Beherrschung seiner Regelungsaufgaben bieten kann. Die Grundlagen der Theorie sind heute auch dem Praktiker in den meisten Fällen bekannt; sie werden ihm u. a. in den einschlägigen Bänden der REIHE AUTOMATISIERUNGSTECHNIK in exakter und leicht verständlicher Form dargeboten. Doch der Übergang zur praktischen Nutzanwendung ist erfahrungsgemäß nicht immer leicht.

Der vorliegende Band bietet sich daher als Wegweiser und Berater an. Er liefert zunächst in übersichtlicher Form Faustformeln und Einstellregeln, die in manchen Fällen bereits ausreichen werden. Wer tiefer eindringen will, kann von der Kenntnis der Eigenschaften der Glieder des Regelkreises ausgehend die entsprechenden Dimensionierungen vornehmen. Der Band ist kein Lehrbuch, auch keine Formelsammlung im üblichen Sinne, er ist gewissermaßen ein Schlüssel zur Erschließung der Theorie für den Praktiker.

Der Aufbau ist stufenweise gegliedert. Im ersten Abschnitt werden die wichtigsten Faustformeln und Einstellregeln, die in den Bänden RA 10, 11, 15 und 33 enthalten sind, unter Verwendung einheitlicher Bezeichnungen übersichtlich zusammengefaßt. Dabei wird größter Wert auf ausführliche Angabe der Voraussetzungen für die Anwendung und die möglichen Erweiterungen des Anwendungsbereiches gelegt.

Wer mit diesen einfachen Faustformeln nicht auskommt und tiefer eindringen will, dem werden im zweiten Abschnitt die Formeln für die wichtigsten Grundglieder des Regelkreises geboten, wobei die Regelstrecke, die Regeleinrichtung und auch der geöffnete wie der geschlossene Regelkreis als Glieder mit einem Eingang und einem Ausgang anzusehen sind.

Unter der Voraussetzung der Linearität lassen sich viele Eigenschaften beschreiben oder Parameter berechnen, wenn man die Grundglieder (P-, I-, D-Glied) sowie die Verzögerungsglieder (T-Glied) genügend gut kennt. Abschnitt 2. ist daher diesen Grundgliedern und ihren Eigenschaften gewidmet. Bei der Betrachtung werden vier Wege als Zugang für den Leser geboten:

die Übergangsfunktion,
der Frequenzgang,
die Gewichtsfunktion,
die Differentialgleichung.

Alle vier Betrachtungsweisen sind theoretisch gleichwertig und alle vier Formen wurden aufgenommen. So kommt man mit Kenntnissen, die unter alleiniger Verwendung der Übergangsfunktion erworben wurden, genauso an den Abschn. 2. heran wie auf den drei anderen Wegen auch. Damit ist einem sehr umfassenden Leserkreis dieser Teil schnell zugänglich, und die Leser der Bände RA 6, 20, 30, 36 und 39 werden diese Formeln genauso verwenden, wie mancher Regelungsingenieur selbst dazu greifen wird. Anwendung finden die Formeln sowohl bei der Kennwertermittlung (die hier nicht im einzelnen beschrieben werden kann, s. dazu RA 20) als auch bei der Dimensionierung einzelner Glieder einschließlich ganzer Regelkreise. Maximales Überschwingen, gewisse Ausregelzeiten usw. lassen sich damit schnell ermitteln.

In den Abschnitten 3. und 4. wird vom Leser vorausgesetzt, daß er den Begriff des Frequenzganges kennt, speziell die Formeln für den Frequenzgang. Auf die Darstellung als Ortskurve oder als Frequenzkennlinie wird nicht weiter Bezug genommen. Bei Kenntnis dieser Formeln gibt es eine große Anzahl von Möglichkeiten zur Dimensionierung von linearen Regelkreisen. Für Abschn. 3. wurden drei wichtige Fälle ausgewählt. In der Ingenieurpraxis werden wiederholt die Rechnungen unmittelbar ausgeführt, wenn diese auf Systeme 2. Ordnung führen. Hier muß oft immer wieder dieselbe Routinearbeit geleistet werden. Für drei standardisierte Angriffstellen der Störgröße z wurden im Abschn. 3.1. die Formeln als Angaben über die Kennwerte, also die Koeffizienten in den Frequenzgängen dargestellt. Für Systeme höherer Ordnung wurden die Verfahren von *Strejc* und die Dimensionierungsregeln nach *Reinisch* aufgenommen, die in RA 10 und RA 39 behandelt werden, da hier der rechnerische Aufwand gering ist (wenige Einstellungen mit dem Rechenschieber reichen aus). Diese Ergebnisse wurden in den Abschnitten 3.2. und 3.3. zusammengestellt. Auf eine Aufnahme der Regeln für das Frequenzkennlinienverfahren wurde aus Platzgründen verzichtet, zumal in RA 39 alles sorgsam zusammengetragen ist.

Den Abschluß bildet eine Tafel Frequenzgang — Übergangsfunktion, aus der auch die Gewichtsfunktion und die normierte Anstiegsantwort entnommen werden kann. Diese Tafel, die vom versierten Leser bei richtiger Handhabung auch als Tafel zur Laplace-Transformation verwendet werden kann, ist nach regelungstechnischen Gesichtspunkten geordnet und bezeichnet. Dem Benutzer wird die sonst oft mühselige Umrechnung auf die eigentlichen regelungstechnischen Kennwerte erspart, da diese unmittelbar in die Darstellung aufgenommen wurden.

Das Literaturverzeichnis enthält nur weitergehende Nachschlagewerke bzw. Handbücher, die Bände der RA, aus deren Stoffgebiet die Formeln stammen, und einige wenige Originalarbeiten.

Nach der Formelsammlung kann man das Stoffgebiet nicht erlernen. Dazu dürfte nach Meinung des Autors der notwendige erläuternde Text den Leser nicht verführen. Begriffe, Benennungen und Symbole richten sich nach

TGL 14091 und TGL 14591 bzw. DIN 19226. Zum Nachschlagen spezieller Begriffe sei neben dem einführenden Band RA1 insbesondere auf das „Kleine Lexikon der Steuerungs- und Regelungstechnik, RA40", verwiesen; denn Begriffe werden in diesem Band nicht definiert.

Der Umfang eines Bandes erlegte manche Schranken auf, und manche Wünsche von Lesern mögen vielleicht nicht erfüllt worden sein. An Vorschlägen und Hinweisen aus dem Leserkreis, die dem Umfang des Bandes Rechnung tragen, ist der Autor gerade bei diesem Band äußerst interessiert, um in der Folgezeit doch noch diese oder jene Anregung durch Umstellung und Auswechslung od. dgl. berücksichtigen zu können.

Die Vorbemerkungen, die der Leser zum Gebrauch der einzelnen Abschnitte unbedingt benötigt, sind jeweils nach dem Titel zusammengestellt, so daß sich der Leser immer denjenigen Teil durchzulesen braucht, den er gerade benötigt

Formelzeichen

$a(t)$	Anstiegsantwort $[a_I(t),\ a_P(t),\ a_D(t)]$
A	Amplitude der Arbeitsbewegung der Regelgröße (bei Zweipunktregelungen)
b	Proportionalitätsfaktor ($b > 0$)
D	als Index: Symbol für differenzierendes Glied (K_D, T_D)
D²	als Index: Symbol für zweimal differenzierendes Glied $[K_{D^2}]$
D	Dämpfungskonstante
Δ	Zeichen für eine Änderung einer Größe um einen konstanten Wert (Δy, Δz, Δx)
$F(j\omega)$, $F(p)$	Frequenzgang eines linearen Übertragungsgliedes
$F(s)$	Übertragungsfunktion
F_{z_x}, F_{z_y}, F_{z_w}	Frequenzgang des geschlossenen Regelkreises mit Eingangsgröße z_x bzw. z_y bzw. z_w und Ausgangsgröße x
$g(t)$	Gewichtsfunktion eines linearen Übertragungsgliedes
g_{z_x}, g_{z_y}, g_{z_w}	Gewichtsfunktion des Regelkreises mit dem Frequenzgang F_{z_x} bzw. F_{z_y} bzw. F_{z_w}
h	als Index: Bereich einer Größe (Y_h, X_h, Z_h)
$h(t)$	Übergangsfunktion $[h_I(t),\ h_D(t),\ h_P(t)]$
Δh_0	Überschwingweite des geschlossenen Regelkreises bei Sprungstörung
Δh	Überschwingweite des geschlossenen Regelkreises bei beliebiger Störung
I	als Index: Symbol für integrierendes Glied (K_I, $K_{I,R}$, $K_{I,S}$, T_I)
i	als Index: $i = 1, 2, 3, \ldots$ Kennzeichnung einzelner Werte einer Größe
j	imaginäre Einheit ($j^2 = -1$)
K	Übertragungsfaktor (K, K_R, K_S)
K^*	Wert eines Übertragungsfaktors auf der Stabilitätsgrenze (K_R^*, $K_{I,R}^*$)
$\mathfrak{L}$	Laplace-Operator im Fall $\mathfrak{L}x(t)$
L	binärer Wert der Stellgröße bei Zweipunktreglern
max	als Index: größter Wert der entsprechenden Größe oder Zeitfunktion (h_{max}, X_{max}, $\dot{Y}_{max}$, Y_{max})

min	als Index: kleinster Wert der entsprechenden Größe oder Zeitfunktion (h_{min}, X_{min}, $\dot{Y}_{\mathrm{min}}$, Y_{min})
n	Ordnung der Verzögerung
O	binärer Wert der Stellgröße bei Zweipunktreglern
ω	Kreisfrequenz
$p = \mathrm{j}\omega$	Argument des Frequenzganges
R	als Index: Symbol für Regelstrecke oder Regler (K_{R}, $T_{\mathrm{D,R}}$, $T_{\mathrm{I,R}}$)
s	komplexe Variable
s	als Index: Symbol für Sollwert (X_{s})
s1, s2	als Index: Symbol für Schaltpunkte bei Zweipunktreglern
S	als Index: Symbol für Regelstrecke (K_{S}, $K_{\mathrm{I,S}}$, T_{S})
t	Zeit
t_i	einzelne Zeitpunkte (Abtastpunkte)
T	Zeitkonstante (T_{S}, T_{R}, T_{I}, T_{D})
$T_{\mathrm{S\,auf}}$, $T_{\mathrm{S\,ab}}$	Einschalt- bzw. Ausschaltzeitkonstante der Regelstrecke
T_{ein}, T_{aus}	Einschalt- bzw. Ausschaltdauer einer Zweipunktregelung im stationären Betrieb
T_{a}	Ausgleichszeit
T_{A}	Impulsabstand
T_{B}	Impulsdauer
T_{D}	Differentiationszeitkonstante
T_{I}	Integrationszeitkonstante
T_{max}	Einschwingzeit
T_{m}	$T_{\mathrm{m}} = T_{\mathrm{u}} + T_{\mathrm{a}} - T_{\mathrm{w}}$
T_{M_l}	Zeitpunkte der relativen Maxima des Einschwingvorganges ($l = 1, 2, \ldots$)
T_{m_l}	Zeitpunkte der relativen Minima des Einschwingvorganges
T_{P}	Impulspause/Pausenzeit
T_{t}	Totzeit
T_{t}^*	Gesamttotzeit/Ersatztotzeit
T_{u}	Verzugszeit
T_v	Zeitprozentkennwerte, insbesondere $v = 10, 50, 63, 90, 95, 100$
T_{w}	Wendepunktzeit
T_y	Stellzeit
$T_{2\%}$	Ausregelzeit auf 2% bezüglich der Hüllkurve des Einschwingvorganges
T^*	Schwingungsdauer auf der Stabilitätsgrenze

T_{95} Einschwingzeit auf $\pm$ 5% bezüglich der Hüllkurve des Einschwingvorganges bei einem D-T*2-Glied

T_{95}^{*} Einschwingzeit auf $\pm$ 5% für den Einschwingvorgang bei einem D-T*2-Glied

T Schwingungsdauer beim Einschwingvorgang

V Kreisverstärkung

V_{krit} kritische Kreisverstärkung (auf der Stabilitätsgrenze)

$V(p)$ Frequenzgang von Verzögerungsgliedern

w Führungsgröße (Änderung des Sollwertes X_s)

x Regelgröße

x_e, x_a Eingangs- bzw. Ausgangsgröße eines Gliedes

x_w Regelabweichung

$\dot{x}$ Geschwindigkeit der Regelgröße

X_O, X_L stationäre Werte der Regelgröße bei Zweipunktregelungen

$\dot{X}_O$, $\dot{X}_L$ stationäre Werte der Geschwindigkeit der Regelgröße bei Zweipunktregelungen

X_B bleibende Regelabweichung

X_p Proportionalbereich

X_M maximale Regelabweichung

X_a Ansprechempfindlichkeit des Reglers

y Stellgröße

$\dot{y}$ Stellgeschwindigkeit

Y_O, Y_L Werte der Stellgröße bei Zweipunktregelungen

z Störgröße

z_x, z_y, z_w Störgröße am Ausgang oder Eingang der Regelstrecke bzw. am Eingang des Reglers

1. Faustformeln für Regelkreise

Eine Faustformel gibt prinzipiell nur das qualitative Verhalten eines Regelkreises wieder. Präzise quantitative Aussagen sind im allgemeinen nicht möglich. Die Angaben über die Einstellung der Regler liefern in der Größenordnung der Kenngrößen des zu erwartenden Einschwingverhaltens des Regelkreises eine Ausgangsnäherung, die für empirische Einstellungen von Reglern benutzt werden kann. Mit Hilfe dieser Formeln kann also ein Regelkreis nicht exakt dimensioniert werden. Folgende Grundsätze sollten im einzelnen berücksichtigt werden:

1. Die Begriffe Regelstrecke und Regeleinrichtung werden nach TGL 14591 angewendet. Darüber hinaus werden die erweiterte Regelstrecke und der Begriff Regler verwendet (Bild 1). Bei den Faustformeln ist jeweils die Regelstrecke oder die erweiterte Regelstrecke zu wählen, je nachdem, was tatsächlich benutzt wird. Dasselbe gilt für Regeleinrichtung und Regler. In den Formeln selbst wird daher jeweils x die Regelgröße *oder* eine umgewandelte Regelgröße bedeuten. Da beides eintreten kann, wurde auf eine unterschiedliche Bezeichnung für die Regelgröße und die umgewandelte Regelgröße verzichtet. (Ein solches Vorgehen ist für eine Formelsammlung notwendig und zulässig.)
   Eine mögliche Aufteilung des Regelkreises zeigt Bild 1.

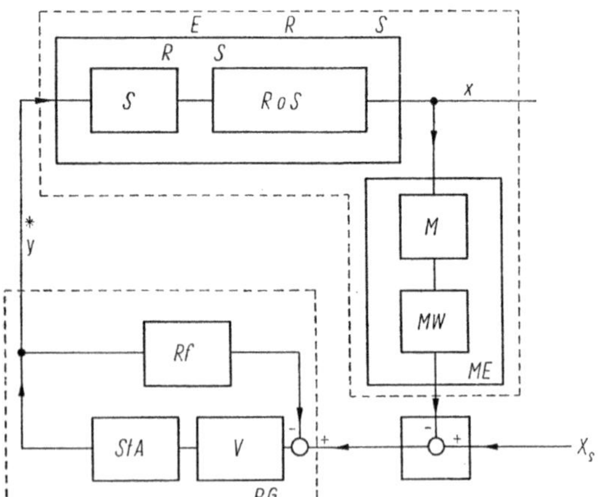

Bild 1. Abgrenzung der Glieder eines Regelkreises

RS Regelstrecke; *RoS* Regelstrecke ohne Stellglied; *ERS* erweiterte Regelstrecke (*RS* + *ME*); *S* Stellglied; *M* Meßglied; *MW* Meßwandler; *ME* Meßeinrichtung; *Vgl* Vergleicher (Realisierung des Soll-Ist-Wert-Vergleiches); *V* Regelverstärker; *StA* Stellantrieb; *Rf* Rückführung; *RG* Regler; *RE* Regeleinrichtung (*RE* = *RG* + *Vgl* + *ME*)

2. Die Faustformeln geben einen ersten Überblick über das Verhalten des Regelkreises, wobei Störungs- und Führungsverhalten zu unterscheiden ist. Regelstrecke und Regler werden dabei durch wenige, empirisch leicht bestimmbare Kennwerte beschrieben. Je komplizierter das eigentliche System ist, desto mehr kann sein Verhalten von den nach den Faustformeln ermittelten Eigenschaften abweichen.

3. Die Faustformeln beziehen sich auf Regelkreise, bei denen im allgemeinen die Regelstrecke als linear angesehen wird, während die Regler linear (P-, I-, PD-, PI-, PID-Regler) oder nichtlinear (Zweipunktregler, getastete Zweipunktregler, Zweilaufregler) sein können.

4. Die angegebenen Faustformeln wurden auf verschiedene Weise erhalten. Entweder wird unter der Annahme, daß die empirischen Kennwerte echte Kennwerte eines Systems sind, das Problem vollständig durchgerechnet (die Ergebnisse sind dann völlig exakt), oder es werden — auch unter Verwendung maschineller Hilfsmittel — die angegebenen Typen von Regelstrecken durchgerechnet und mittlere Werte der Ergebnisse als Einstellregeln angegeben. Man verwendet hierbei die Formeln zu einer ersten näherungsweisen Einstellung. Durch systematisches Experimentieren können oft Verbesserungen erreicht werden.

5. Gründe für das Abweichen von diesen Formeln in der Praxis:

   5.1. Ist der Stellbereich zu klein, so kann dadurch der Vorgang begrenzt werden; in diesem Fall ist dann das System nicht mehr linear.

   5.2. Wird die errechnete Stellgeschwindigkeit zu groß, so wird sie durch die maximale Stellgeschwindigkeit begrenzt, und der Einschwingvorgang ist nichtlinear.

   5.3. Die Kennlinie des Reglers weicht merklich von einer Geraden ab und ist daher nichtlinear.

   5.4. Die erweiterte Regelstrecke wird durch die angegebene Übergangsfunktion nicht genau genug beschrieben; es sind nähere Untersuchungen notwendig.

   5.5. Die erweiterte Regelstrecke ist nichtlinear, und die Linearisierung ist nur in einem kleinen Bereich möglich. Die Formeln gelten dann nur für entsprechend kleine Änderungen der Störgröße.

6. Weitere Ausführungen zu den Faustformeln findet der interessierte Leser insbesondere in RA 10, 11, 15, 33, 36 und 39. Dort werden auch ausführliche Beispiele numerisch durchgerechnet.

7. In den Faustformeln werden stets die Übertragungsfaktoren und Zeitkonstanten verwendet. Weitere in der Praxis übliche Kennwerte sind im Abschn. 1.6. zusammengestellt und die notwendigen Umrechnungsformeln angegeben; so können die Einstellregeln auf alle jeweils für die Anwendung gewünschten Kennwerte mühelos umgerechnet werden.

1.1. Stabilität und Einstellregeln nach Küpfmüller

Kennzeichnung des Regelkreises:

1. Die Regelstrecke ist ein lineares Glied mit Ausgleich, Übertragungsfaktor K_S.
2. Die Regeleinrichtung ist ein Glied mit Ausgleich, Übertragungsfaktor K_R.
3. Zusätzliche Bedingung: Regelstrecke und Regeleinrichtung, hintereinander geschaltet, haben eine Übergangsfunktion nach Bild 2a.

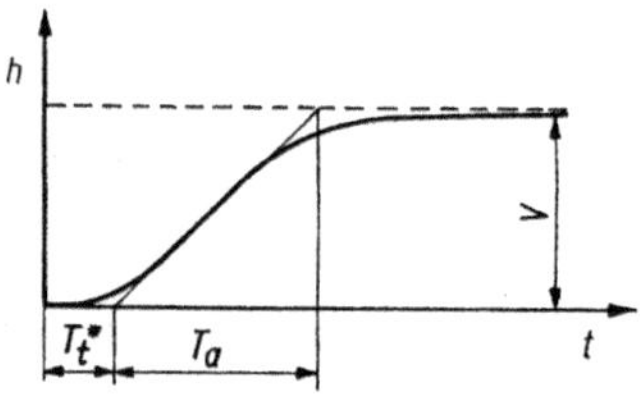

Bild 2a

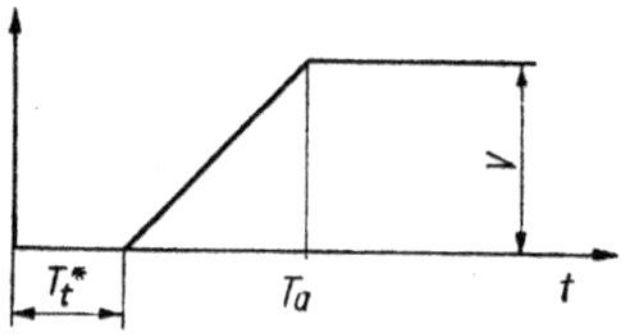

Bild 2b

Regeln und Faustformeln:

1. Voraussetzungen

Vom aufgeschnittenen Regelkreis (z. B. an der Stelle * im Bild 1 aufgeschnitten) nehme man die Übergangsfunktion auf. Diese sei vom Typ Bild 2a und werde angenähert durch eine Kurve nach Bild 2b. Man entnehme die Kennwerte T_t^* (resultierende Totzeit), T_a (Ausgleichszeit) und die Kreisverstärkung $V = K_S K_R$.

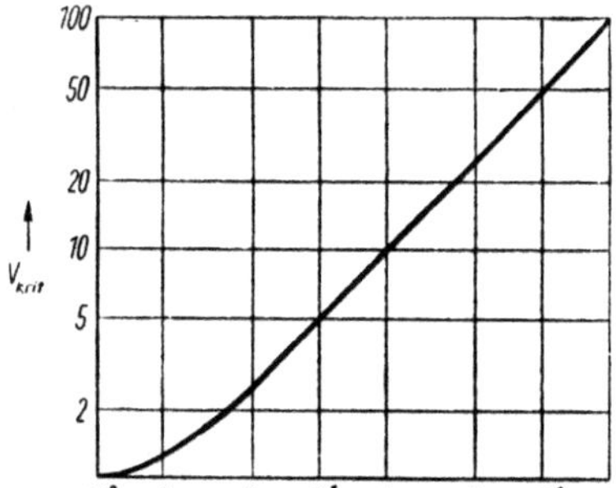

Bild 2c
Stabilitätsdiagramm

2. Stabilitätsaussage

Durch $V = V_{krit}$ entsprechend Bild 2c ist die Stabilitätsgrenze bestimmt. Ihre im Bild 2c grafisch dargestellte Gleichung lautet:

$$V_{krit} = \frac{\dfrac{\pi(\tau - 1)}{\tau + 1}}{\sin\left(\dfrac{\pi(\tau - 1)}{\tau + 1}\right)}, \qquad \tau = 1 + \frac{T_a}{T_t^*}$$

Für $V < V_{krit}$ herrscht Stabilität, für $V > V_{krit}$ Instabilität.

3. Günstige Einstellung

Nach *Ziegler, Nichols* wird für $V = 0{,}5\,V_{\text{krit}}$ eine günstige Einstellung erreicht mit einer Dämpfungskonstante $D \approx 0{,}2$ bis $0{,}3$ für den geschlossenen Regelkreis. Bleibende Regelabweichung: Die Auswirkung einer Störung auf die Regelgröße wird auf $\frac{100}{1+V}$ % der Auswirkung ohneRegler reduziert.

Hinweise

1. Die Dimensionierung von V geschieht durch Einstellung von K_{R}. Die Bedingung $V = (1/2)V_{\text{krit}}$ entspricht der Einstellung $K_{\text{R}} = 0{,}5\,K_{\text{R krit}}$. (Beachte: Im Regelkreis ist K_{S} fest, K_{R} einstellbar.)
2. Verschiedene Einstellungen von K_{R} können die Werte T_{t}^{*} und T_{a} beeinflussen. Das ist dann der Fall, wenn die Einstellung von K_{R} die dynamischen Eigenschaften des Reglers mit beeinflußt, z. B. beim P-Regler, der durch starre Rückführung aus dem I-Regler erzeugt wurde.
3. Je kleiner V wird (wegen $V < V_{\text{krit}}$), desto größer ist die bleibende Regelabweichung.
4. Da die Rechnung von *Küpfmüller* die Übergangsfunktion nach Bild 2b zugrunde legt, ist dies eine sehr sichere Abschätzung für die Praxis. In realen Fällen nach Bild 2a tritt durchaus nicht immer für $V = V_{\text{krit}}$ (nach Bild 2c bestimmt) Instabilität auf, sondern oft erst für größere Werte.

1.2. Einstellregeln nach Ziegler, Nichols für PID-Regler

Kennzeichnung des Regelkreises:

Die erweiterte Regelstrecke ist ein lineares Glied, der Regler ein PID-Regler (Bild 3).

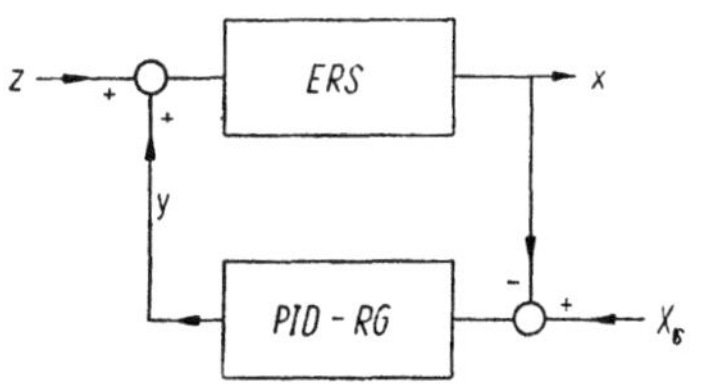

Bild 3. Blockbild des Regelkreises

Regeln und Faustformeln:

1. Voraussetzungen

Der PID-Regler sei bereits an die Regelstrecke angeschlossen und der Regelkreis geschlossen.

2. Stabilitätsaussage

Man schalte den Regler als P-Regler (schalte also I-Anteil und D-Anteil ab!) und vergrößere den Übertragungsfaktor K_R des so erhaltenen P-Reglers so lange, bis für $K_R = K^*$ Dauerschwingungen eintreten (Stabilitätsgrenze erreicht). Die Periode der Dauerschwingungen sei T^*.

3. Günstige Einstellung

Eine günstige Einstellung des PID-Reglers erfolgt nach Tafel 1.

Tafel 1. Einstellwerte für PID-Regler nach Ziegler, Nichols

	K_R	T_I	T_D
P	0,50 K^*	—	—
PI	0,45 K^*	0,85 T^*	—
PID	0,60 K^*	0,50 T^*	0,12 T^*

Hinweise

1. Die Einstellanweisung bezieht sich auf den geschlossenen Regelkreis. Es werden also vor der Inbetriebnahme keine Kennwerte aufgenommen.
2. Das Verfahren ist nur sinnvoll anwendbar, wenn es verfahrenstechnisch zulässig ist, den Regelkreis auch an der Stabilitätsgrenze zu betreiben.
3. Bei der Bestimmung der Stabilitätsgrenze werden auch die dynamischen Eigenschaften des Reglers selbst mit berücksichtigt.
4. Die Einstellung ist so bemessen, daß das Einschwingverhalten der Regelgröße bei sprunghafter Veränderung der Störgröße am Eingang der Regelstrecke einen Dämpfungsgrad $D \approx 0{,}2$ bis 0,3 hat, also ein Überschwingen von 37% bis 53% möglich ist. (Diese Umrechnung gilt exakt nur, wenn der gesamte Regelkreis mit Eingang Störgröße und Ausgang Regelgröße ein proportionales schwingendes Glied mit Verzögerung 2. Ordnung ist.)
5. Für P-Regler wird bei dieser Methode die Stabilitätsgrenze unmittelbar bestimmt. Obwohl Tafel 1 Einstellregeln für PI- und PID-Regler enthält, wird die Stabilitätsgrenze für Regelkreise mit PI- und PID-Reglern nicht explizit angegeben.
6. Es sei besonders darauf aufmerksam gemacht, daß dieses Verfahren auch auf Regelstrecken ohne Ausgleich angewendet werden kann.
7. Man kann ohne das Experiment auskommen, wenn man T^* und K^* durch Rechnung ermittelt. Dazu ist es notwendig, die Kennwerte der einzelnen Glieder des Regelkreises zu kennen (s. Abschn. 1.4.).

1.3. Einstellregeln nach Chien, Hrones, Reswick und Oppelt für PID-Regler an Regelstrecken mit Ausgleich

Kennzeichnung des Regelkreises:

1. Die erweiterte Regelstrecke ist ein lineares Glied mit Ausgleich und aperiodischem Übergangsverhalten entsprechend Bild 4b.
2. Der Regler ist ein P-, PI- oder PID-Regler.
3. Es wird sowohl das Störverhalten (z-Sprung) als auch das Führungsverhalten (w-Sprung) betrachtet.

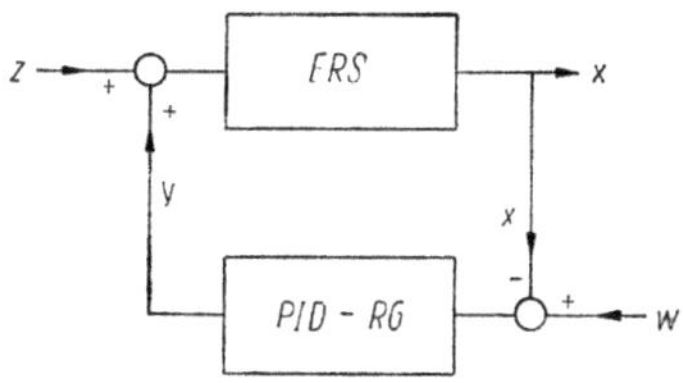

Bild 4a. Blockbild des Regelkreises

Regeln und Faustformeln:

1. Voraussetzungen

Die Regelstrecke habe eine Übergangsfunktion entsprechend Bild 4b Die Kennwerte $T_t + T_u$ und T_a sowie K seien bekannt. Es wird ferner vorausgesetzt, daß der PID-Regler praktisch verzögerungsfrei arbeitet.

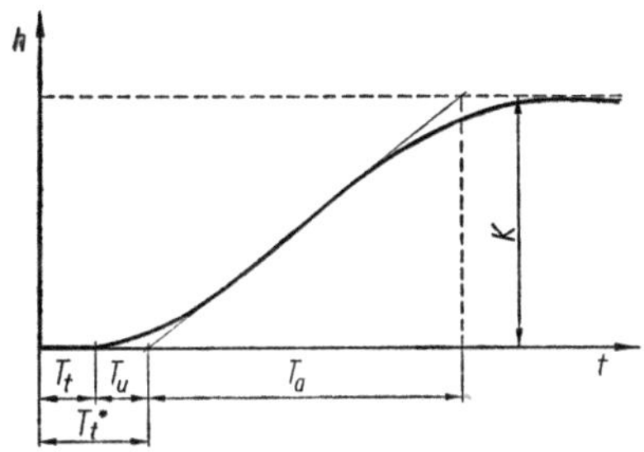

Bild 4b. Ermittlung der Kennwerte der Regelstrecke durch Konstruktion der Wendetangente an die Übergangsfunktion

T_t Totzeit; T_u Verzugszeit; T_t^* resultierende Totzeit (Ersatztotzeit); T_a Ausgleichszeit

2. Einstellanweisungen bei Führungsverhalten (w-Sprung)

Die Parameter K_R, T_I und T_D des PID-Reglers sind gemäß Tafel 2a zu wählen. Aperiodisches Einschwingverhalten bezieht sich auf den aperiodischen Fall mit kürzester Einschwingzeit, wobei eine sprunghafte Veränderung der Führungsgröße w vorausgesetzt wird. Beim periodischen Einschwingverhalten wird ein Überschwingen von etwa 20% zugelassen, und dabei wieder der Fall mit geringster Einschwingzeit gewählt.

Tafel 2a. Einstellwerte für w-Sprünge

Typ des Reglers	Parameter des Regelkreises	Aperiodisches Einschwingen nach *Chien, Hrones, Reswick*	Periodisches Einschwingen mit 20% Überschwingen nach *Chien, Hrones, Reswick*
P	$\frac{K_S K_R T_t^*}{T_a}$	0,30	0,70
PI	$\frac{K_S K_R T_t^*}{T_a}$	0,35	0,60
	$\frac{T_I}{T_a}$	1,20	1,00
PID	$\frac{K_S K_R T_t^*}{T_a}$	0,60	0,95
	$\frac{T_I}{T_a}$	1,00	1,35
	$\frac{T_D}{T_t^*}$	0,50	0,47

3. Einstellanweisungen bei Störverhalten (z-Sprung)

Die Parameter K_R, T_I und T_D des PID-Reglers sind gemäß Tafel 2b zu wählen. Das aperiodische und periodische Einschwingen (s. Abschn. 2.) bezieht sich hier auf sprunghafte Veränderungen der Störgröße z.

Hinweise

1. Den angegebenen Formeln ist zugrunde gelegt, daß die Regler verzögerungsfrei sind. Haben jedoch die Regler Verzögerungen, so sind diese bei der Regelstrecke zu berücksichtigen.

2. Die Rechnungen für die Einstellanweisungen wurden unter der Annahme durchgeführt, daß T_a einer Zeitkonstante und T_t^* einer Totzeit entspricht. Sie gelten um so besser, je größer T_a/T_t^* ist. Für $T_a/T_t^* < 1$ können die Abweichungen erheblich werden.

Tafel 2b. Einstellwerte für z-Sprünge

Typ des Reglers	Parameter des Regelkreises	Aperiodisches Einschwingen nach *Chien, Hrones, Reswick*	Periodisches Einschwingen mit 20% Überschwingen nach *Chien, Hrones, Reswick*	Mittelwerte für periodisches Einschwingen nach *Oppelt*
P	$\frac{K_S K_R T_t^*}{T_a}$	0,30	0,70	1,00
PI	$\frac{K_S K_R T_t^*}{T_a}$	0,60	0,70	0,80
	$\frac{T_I}{T_a}$	4,00	2,30	3,00
PID	$\frac{K_S K_R T_t^*}{T_a}$	0,95	1,20	1,20
	$\frac{T_I}{T_a}$	2,40	2,00	2,00
	$\frac{T_D}{T_t^*}$	0,42	0,42	0,42

3. Die Formeln von *Chien, Hrones, Reswick* wurden durch Versuche bestimmt.

4. Die Formeln von *Oppelt* stellen Mittelwerte der Ergebnisse mehrerer Veröffentlichungen dar.

5. Man beachte, daß beim P-Regler zusätzlich die bleibende Regelabweichung zu berücksichtigen ist. So wird eine sprunghafte Veränderung der Störgröße z auf $\frac{100}{1 + K_S K_R}$ % der Abweichung reduziert, die sich ohne Regler ergeben würde.

6. Über Formeln für Strecken, die praktisch *nur Totzeit* enthalten, siehe Abschn. 1.4.

1.4. Einschwingverhalten und Stabilitätsgrenzen für Regelkreise mit P- oder I-Reglern

Kennzeichnung des Regelkreises:

1. Die Regelstrecke oder erweiterte Regelstrecke sollen spezielle lineare Glieder mit oder ohne Ausgleich sein. Es werden dynamisch Totzeit sowie eine Zeitkonstante berücksichtigt.

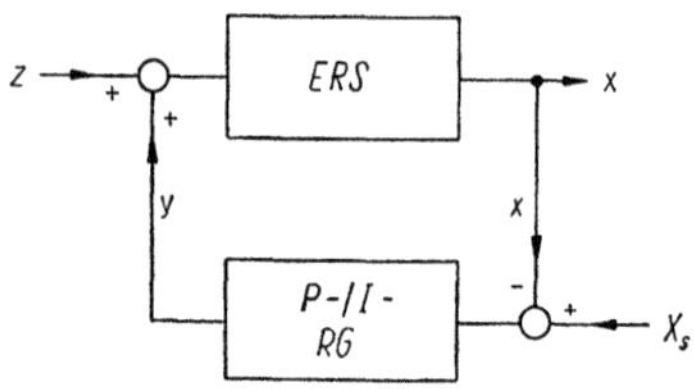

Bild 5a. Blockbild des Regelkreises

2. Der Regler soll ein unverzögerter P- oder I-Regler bzw. ein verzögerter P-Regler sein.

Regeln und Faustformeln:

1. Voraussetzungen

Die für die Regelstrecke bzw. erweiterte Regelstrecke in Tafel 3 (Beilage) angeführten Kennwerte seien bekannt.

2. Angaben zur Stabilitätsgrenze

Die angegebenen Grundtypen haben z. T. die Eigenschaft, daß keine endlichen Stabilitätsgrenzen existieren. In diesem Fall interessiert nur das Einschwingverhalten (s. Abschn. 3.). Bei endlichen Stabilitätsgrenzen ist unter SG die Gleichung für die Stabilitätsgrenze angegeben. K_R^* bzw. $K_{I,R}^*$ sind die kritischen Werte der Reglerparameter auf der Stabilitätsgrenze, T^* ist die Schwingungsdauer der Regelgröße auf der Stabilitätsgrenze.

3. Angaben zum Einschwingverhalten

Sofern keine endliche Stabilitätsgrenze existiert, kann das Einschwingverhalten des Regelkreises durch Glieder 1. oder 2. Ordnung beschrieben werden. Dabei wird die Störgröße z (Bild 5b) als Eingangsgröße des Gliedes und die Regelgröße x als Ausgangsgröße des Gliedes angesehen.

Bei einem Glied 1. Ordnung wird seine Zeitkonstante $T_ü$ als dynamischer Kennwert (Bild 5c) und bei Systemen 2. Ordnung die Dämpfungskonstante D angegeben. Die Angaben sind durch EV gekennzeichnet.

Bild 5d zeigt das Einschwingverhalten bei P-Reglern und Bild 5e bei I-Reglern.

4. Einstellregeln

Falls eine endliche Stabilitätsgrenze existiert, können die Einstellregeln nach *Ziegler* und *Nichols* (s. Abschn. 1.2.) verwendet werden. In allen anderen Fällen kann einer der nach Punkt 3 errechenbaren dynamischen Kennwerte des Einschwingverhaltens des Regelkreises (als Glied) vorgegeben werden.

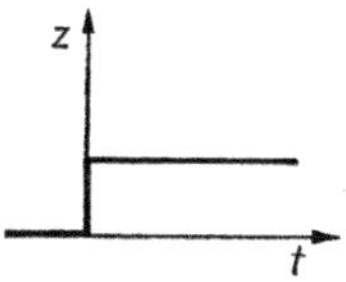

Bild 5b

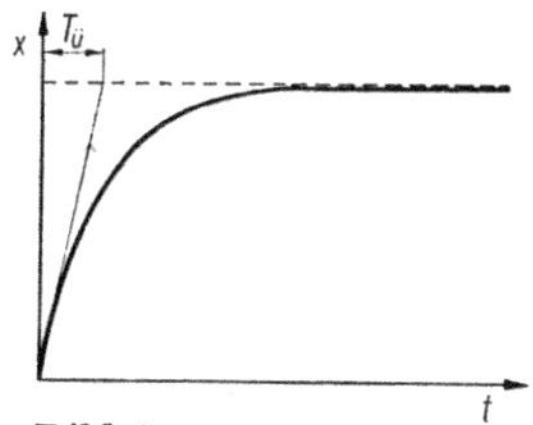

Bild 5c

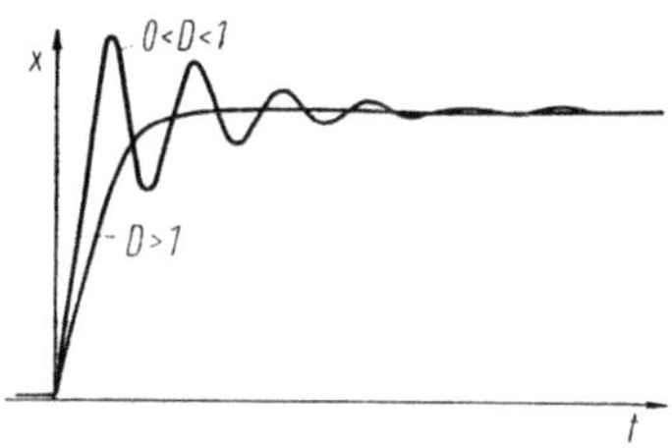

Bild 5d

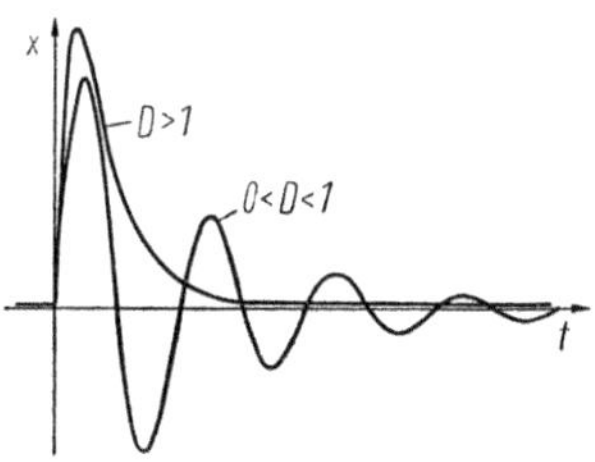

Bild 5e

Hinweise

1. Man beachte die bleibende Regelabweichung (P-Abweichung) bei P-Reglern. Bei Strecken mit Ausgleich beträgt sie $\frac{100}{1 + K_S K_R}\%$ derjenigen Abweichung, die sich ohne Regler ergeben würde, bzw. ist Δz die sprunghafte Veränderung der Störgröße, so ist die zugehörige P-Abweichung $\frac{\Delta z\, K_S}{1 + K_S K_R}$ bei Strecken mit Ausgleich und $\frac{\Delta z}{K_R}$ bei Strecken ohne Ausgleich.
2. Näherungsweise können die Formeln für Strecken mit Totzeit T_t und Zeitkonstante T_S auch auf Strecken mit Totzeit und Verzugszeit $(T_t + T_u)$ und Ausgleichszeit T_a angewendet werden. In den Formeln ist dann zu ersetzen: T_t durch $T_t + T_u$ und T_S durch T_a.

1.5. Übersicht über Einsatzmöglichkeiten der PID-Regler

Tafel 4 gibt eine erste grobe Übersicht über die Einsatzmöglichkeiten der P-, I- und PI-Regler. Für Regelstrecken mit Ausgleich wird dabei vorausgesetzt, daß diese aperiodische proportionale Glieder sind, die sich durch

Tafel 4. Übersicht über Einsatzmöglichkeiten von P-, I- und PI-Reglern

Typ der Regelstrecke	Kennwerte der Regelstrecke	Typ des Reglers P	I	PI
P	$T_t^* = 0,\ T_a = 0$	—	+	(+)
	$T_t^* = 0,\ T_a > 0$	+	+	(+)
	$T_t = 0,\ T_u/T_a < 0{,}1$	+	+	+
	$T_t = 0,\ T_u/T_a > 0{,}1$	Th	(—)	Th
	$T_t > 0,\ T_u = 0,\ T_a = 0$	(—)	+	(+)
	$T_t^*/T_a < 0{,}1$	+	+	+
	$0{,}1 < T_t^*/T_a < 1$	(—)	(—)	+
	$T_t^*/T_a > 1$	—	—	Th
I	$T_t^* = 0$	+	—	(+)
	$T_t = 0,\ T_u > 0$	+	—	Th
	$T_t > 0,\ T_u = 0$	+	—	Th
	$T_t > 0,\ T_u > 0$	Th	—	Th

Es bedeuten:

+ gute Einsatzmöglichkeiten;

(+) gute Einsatzmöglichkeit; oft ist aber der Aufwand nicht notwendig, da mit anderen Regeleinrichtungen bereits gute Ergebnisse erzielt werden können;

(—) Einsatz ist möglich, aber andere Regeleinrichtungen liefern wesentlich bessere Ergebnisse, es kann z. B. die Ausregelzeit zu groß werden;

— Einsatz nicht zu empfehlen aus prinzipiellen Gründen: Der Regelkreis ist strukturinstabil, oder der Regelkreis ist zwar prinzipiell stabil, aber der stabile Bereich ist sehr klein usw.,

Th es ist sehr zu empfehlen, über die Faustformel hinausgehende theoretische Untersuchungen auszuführen.

Tafel 5. Zusammenhang zwischen theoretischen Kenngrößen und empirischen Kenngrößen bei Reglern

	P-Regler	I-Regler
Kennlinie	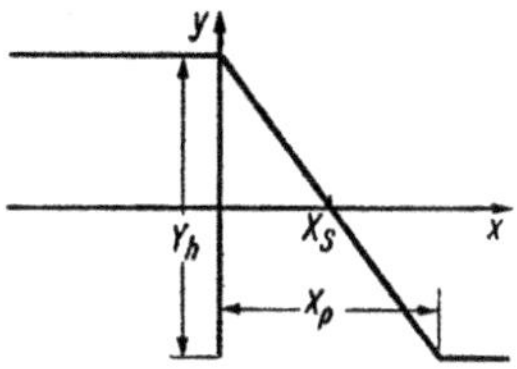	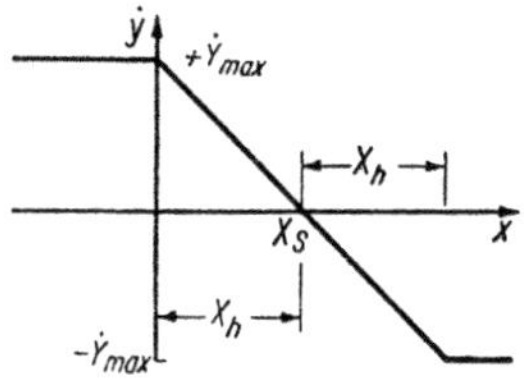
Lineare Gleichung	$y = -K_R\,(x - X_s)$	$\dot{y} = -K_{IR}\,(x - X_s)$
Kennwerte	K_R proportionaler Übertragungsfaktor Y_h Stellbereich X_p Proportionalbereich T_y Stellzeit	K_{IR} integraler Übertragungsfaktor $\dot{Y}_{\max}$ maximale Stellgeschwindigkeit X_h Laufbereich T_y Stellzeit
Beziehungen	$\dot{Y}_{\max}\,T_y = T_y$ $K_R = \frac{Y_h}{X_p}$	$\dot{Y}_{\max}\,T_y = Y_h$ $K_{IR} = \frac{Y_{\max}}{X_h} = \frac{Y_h}{T_y X_h}$

Tafel 3. Dynamische Kennwerte des Einschwingverhaltens bzw

N **Näherungsformel;** ***SG*** **Stabilitätsgrenze;** ***EV*** **Einschwingverhalten (k**

Regler → / ↓ Strecke		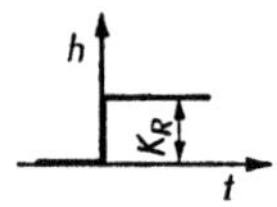	
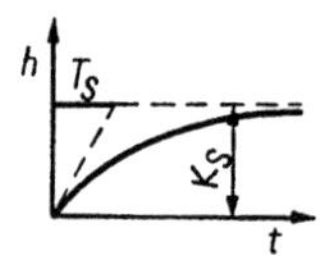	***EV*:**	keine Stabilitätsgrenze $T_{ü} = \frac{T_S}{1 + K_R K_S}$	keine St $D = \frac{}{2 \sqrt{}}$
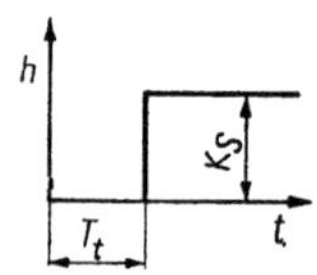	***SG*:**	$K_S K_R^* = 1$ $T^* = 2 T_t$	$\frac{T_t}{T_R} \ll 1$ $K_S K_R =$ $T^* = 4 T$
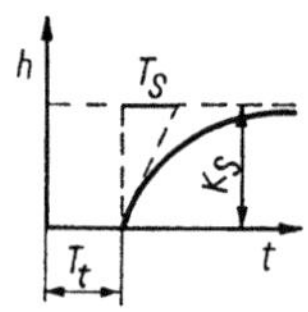	***SG*:**	$K_S K_R^* = 1 + \frac{\pi T_S}{2 T_t}$ $2 T_t \leqq T^* \leqq 4 T_t$ $\frac{T_t}{T_S} \gg 1 \quad \frac{T_t}{T_S} \ll 1$ **N**	
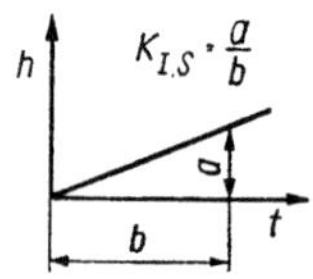	***EV*:**	keine Stabilitätsgrenze $T_{ü} = \frac{1}{K_R K_{I,S}}$	keine Sta $D = \frac{}{2 \sqrt{K}}$
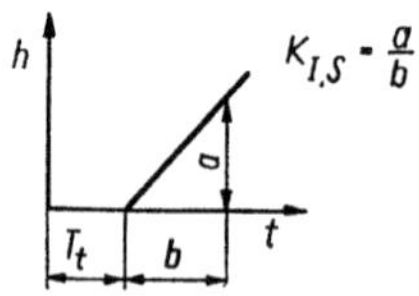	***SG*:**	$K_{I,S} K_R^* = \frac{\pi}{2 T_t}$ $T^* = 4 T_t$	$\frac{T}{T_R} \ll 1$ $K_{I,S} K_R$ $T^* = 2\pi$

…der Stabilitätsgrenze für Regelkreise mit P- bzw. I-Regler
…abilitätsgrenze)

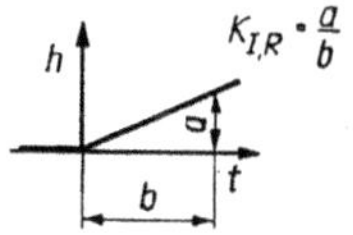

keine Stabilitätsgrenze

$…_S K_R)$ $\qquad D = \dfrac{1}{2\sqrt{K_S T_S K_{I,R}}}$

1

$… = 1 + \dfrac{\pi T_R}{2 T_t}$ $\qquad K_S \cdot K^*_{I,R} = \dfrac{\pi}{2 T_t}$

$(T_R + T_t)$ N $\qquad T^* = 4\, T_t$

$\dfrac{T_t}{T_S} \ll 1 \qquad \dfrac{T_t}{T_S} \gg 1$

$K_S K^*_{I,R} = \dfrac{1}{T_t} \qquad K_S \cdot K_{I,R} = \dfrac{\pi}{2(T_S + T_t)}$

$T^* = 2\pi \sqrt{T_t T_S} \qquad T^* = 4\,(T_t + T_S)$

N

strukturinstabil

strukturinstabil

$\gg 1$

$K_R^* = \dfrac{\pi}{2(T_R + T_t)}$

$4\,(T_t + T_R)$

die dynamischen Kennwerte T_t, T_u und T_a ($T_t^* = T_t + T_u$) beschreiben lassen. Regelstrecken ohne Ausgleich sollen durch die dynamischen Kennwerte T_t und T_u beschrieben werden (T_t Totzeit; T_u Verzugszeit; T_a Ausgleichszeit).

Die allgemeinen Angaben über D-Anteile lassen sich in folgenden Grundsätzen zusammenfassen:

1. Der D-Anteil gibt bei der P-Regeleinrichtung oft die Möglichkeit, das maximale Überschwingen zu verringern oder bei gleichem maximalem Überschwingen den Übertragungsfaktor größer zu wählen, so daß die bleibende Regelabweichung kleiner wird.
2. Bei der PI-Regeleinrichtung erzeugt ein zusätzlicher D-Anteil oft ein besseres Einschwingen, verringert das maximale Überschwingen oder verkleinert die Ausregelzeit.
3. Treten große Totzeiten in der Regelstrecke auf, so ist mit dem D-Anteil Vorsicht geboten; nähere Untersuchungen sind sehr zweckmäßig.
4. Reagiert das Meßgerät auf das statistische Schwanken der Strecke zu sehr, werden diese also zu wenig ausgemittelt, so ist auch mit dem D-Anteil vorsichtig umzugehen. Nähere Untersuchungen sind sehr zu empfehlen.

1.6. Umrechnungsformeln für verschiedene Kenngrößen von PID-Reglern

1. Theoretische Kenngrößen:

K proportionaler Übertragungsfaktor,

K_I integraler Übertragungsfaktor,

K_D differentieller Übertragungsfaktor.

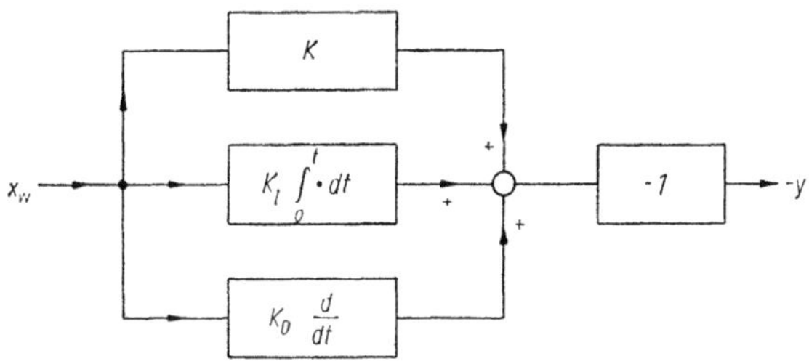

Bild 6a

Allgemeine Gleichung des PID-Reglers:

$$-y(t) = K\,x_w(t) + K_I \int_0^t x_w(t)\,dt + K_D \frac{d}{dt} x_w(t)\,.$$

Das entsprechende Blockbild zeigt Bild 6a.

Normierte Darstellung der Gleichung des PID-Reglers mit den Kenngrößen

Differentiationszeitkonstante T_D,

Integrationszeitkonstante T_I

$$-y(t) = K\left[x_w(t) + \frac{1}{T_I}\int_0^t x_w(t)\,dt + T_D\frac{d}{dt}x_w(t)\right].$$

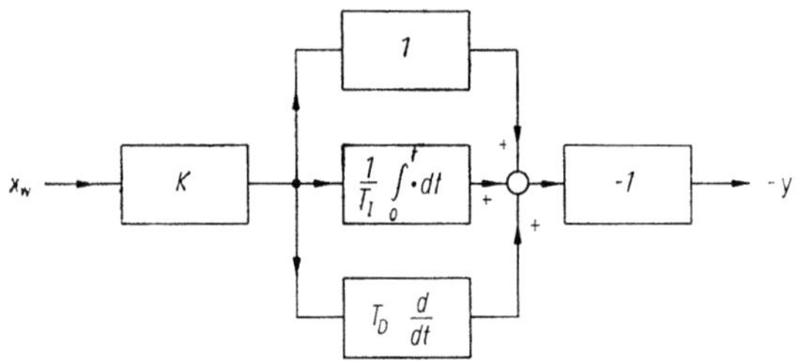

Bild 6b

Das entsprechende Blockbild zeigt Bild 6b.

Umrechnungsformeln:

$$K_I = \frac{K}{T_I}, \qquad T_I = \frac{K}{K_I},$$

$$K_D = K T_D, \qquad T_D = \frac{K_D}{K}.$$

2. Empirische Kenngrößen

Für die Beschreibung des P-Anteils und I-Anteils an PID-Reglern werden oft empirische Kenngrößen verwendet, deren Definition und Zusammenhang mit den vorstehenden Kenngrößen Tafel 5 (s. Rückseite von Tafel 3) zeigt.

1.7. Zweipunktregler und Regelstrecken mit Ausgleich

Kennzeichnung des Regelkreises:

1. Die erweiterte Regelstrecke mit Ausgleich habe ein Stellglied, das nur zwei Stellungen stationär einnehmen kann.

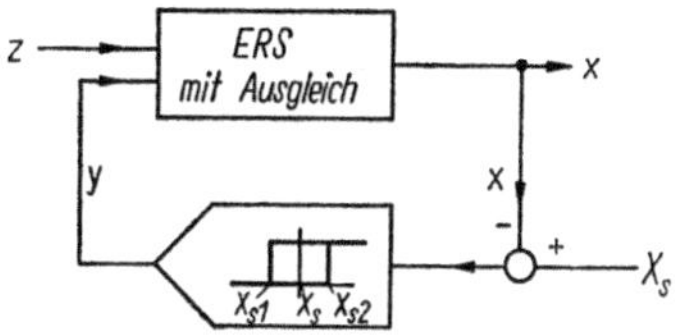

Bild 7a. Blockbild des Regelkreises

2. Der Regler hat am Ausgang nur zwei Werte der Ausgangsgrößen, die den beiden stationären Schaltstellungen O und L des Stellgliedes entsprechen. Die Kennlinien und Kennwerte zeigt Bild 7c.
3. Die Störgröße braucht nicht notwendig am Stellglied anzugreifen.

Regeln und Faustformeln:

1. Voraussetzungen

Der Regelkreis wird nur bei konstanten Störgrößen betrachtet. Die Regelstrecke sei ein Glied mit Ausgleich und werde durch eine Totzeit T_t, eine Zeitkonstante T_S und die beiden Werte X_O (stationärer Zustand für

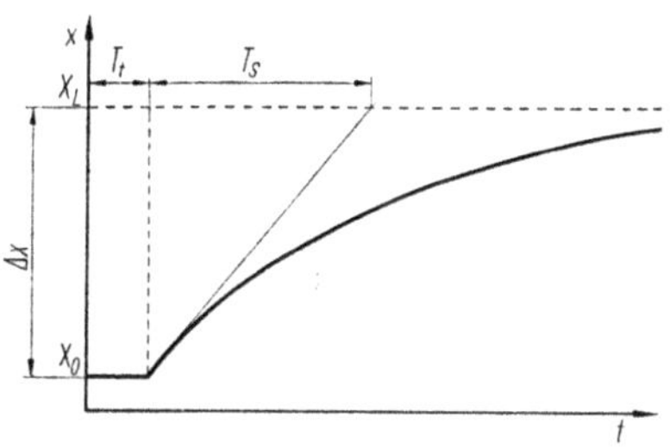

Bild 7b *Bild 7c*

$y = O$) und X_L (stationärer Zustand für $y = L$) beschrieben, wobei $y = O$ bzw. $y = L$ die beiden Zustände der Stellgröße sind. O bedeutet Energiefluß maximal gedrosselt, L bedeutet Energiefluß maximal freigegeben. T_t, T_S, X_L, X_O können von der (den) Störgröße(n) abhängen. Ihre jeweiligen Werte sind zu verwenden (s. Bild 7b). Es sei $\Delta X = X_L - X_O$. Der Zweipunktregler hat die beiden Schaltpunkte X_{s1} und X_{s2}. Als Soll-Wert wird der Mittelwert $0{,}5\,(X_{s1} + X_{s2}) = X_s$ gewählt. Die Differenz $X_d = X_{s2} - X_{s1}$ heißt Schaltdifferenz.

2. Kennwerte des stationären Arbeitszyklus

Der Arbeitszyklus wird näherungsweise durch eine Sägezahnkurve nach Bild 7d beschrieben. Die Kennwerte der Arbeitsbewegung der Regelgröße sind

Amplitude A,

bleibende Mittelwertabweichung $\bar{X}_B$,

Periode $\hat{T}$,

Einschalt-Ausschalt-Verhältnis T_{ein}/T_{aus}.

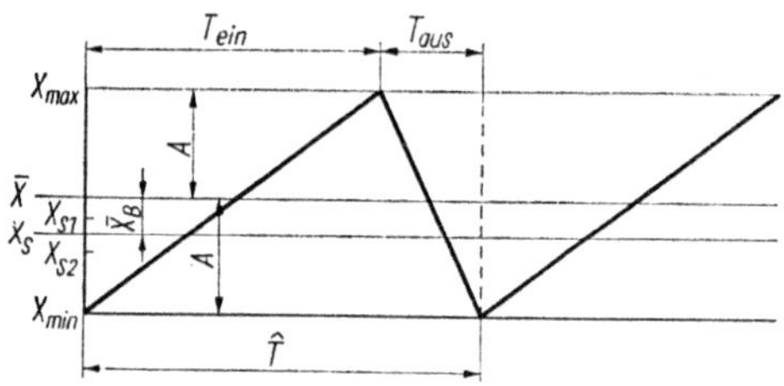

Bild 7d

Weitere charakteristische Werte sind

Maximum der Regelgröße X_{max},

Minimum der Regelgröße X_{min},

Mittelwert der Regelgröße $\bar{X}$.

Für die Zusammenhänge zwischen den Größen gilt

$$2A = X_{max} - X_{min},$$
$$2\bar{X} = X_{max} + X_{min},$$
$$\bar{X}_B = \bar{X} - X_s,$$
$$\hat{T} = T_{ein} + T_{aus}.$$

3. Faustformeln für die Arbeitsbewegung

Für die Darstellung werden folgende Abkürzungen verwendet:

$$\Delta X = X_L - X_0,$$
$$\Delta X_s = X_s - X_0 = 0{,}5\,(X_{s1} + X_{s2}) - X_0.$$

Außerdem sind alle Größen bezogen dargestellt, um dimensionslose Gleichungen zu erhalten.

Brauchbares Arbeitsverhalten erhält man nur für

$$X_O + 0{,}2\,\Delta X \leqq X_{s1} \leqq X_s \leqq X_{s2} \leqq X_O + 0{,}8\,\Delta X\,.$$

Die in Tafel 6a und 6b angegebenen Faustformeln sind nur für $T_t/T_S < 0{,}5$ gut anwendbar. Bereits für $0{,}5 < T_t/T_S < 1$ können Fehler bis zu 100% auftreten; für $T_t/T_S > 1$ sind die Faustformeln praktisch nicht brauchbar. Die Faustformeln gelten auch für den Spezialfall $T_t = 0$.

Tafel 6a. Näherungsformeln im Fall gleicher Einschalt- und Ausschaltzeitkonstanten

Kennwerte der Arbeitsbewegung der Regelgröße	Zweipunktregler	
	ohne Hysterese	mit Hysterese
$\dfrac{A}{\Delta X}$	$\dfrac{1}{2}\dfrac{T_t}{T_S}$	$\dfrac{1}{2}\dfrac{T_t}{T_S}+\dfrac{X_d}{\Delta X}\left(1-\dfrac{T_t}{T_S}\right)$
$\dfrac{\bar{X}_B}{\Delta X}$	$\dfrac{1}{2}\dfrac{T_t}{T_S}\left(1-2\dfrac{\Delta X_s}{\Delta X}\right)$	$\dfrac{1}{2}\dfrac{T_t}{T_S}\left(1-2\dfrac{\Delta X_s}{\Delta X}\right)$
$\dfrac{\hat{T}}{T_S}$	$\dfrac{\dfrac{T_t}{T_S}}{\dfrac{\Delta X_s}{\Delta X}\left(1-\dfrac{\Delta X_s}{\Delta X}\right)}$	$\dfrac{\dfrac{T_t}{T_S}\left(1-\dfrac{X_d}{\Delta X}\right)+\dfrac{X_d}{\Delta X}}{\dfrac{\Delta X_s-X_d/2}{\Delta X}\left(1-\dfrac{\Delta X_s+X_d/2}{\Delta X}\right)}$
$\dfrac{T_{ein}}{T_{aus}}$	$\dfrac{\Delta X_s}{\Delta X-\Delta X_s}$	keine Angaben

Übergangsvorgang der Regelstrecke nach Bild 7b

Hinweise

1. Ersetzt man T_t durch $T_t + T_u$ und T_S durch T_a, so sind diese Formeln näherungsweise auf alle aperiodischen Regelstrecken mit Ausgleich anwendbar. Bild 7e zeigt das aufgenommene Übergangsverhalten der Regelstrecke (*a*) und die Ersatzkurve (*b*).
2. Der dynamische Übergang von einer vollen Arbeitsbewegung zu einer anderen nach Änderung einer Störgröße wird durch diese Formeln nicht beschrieben.
3. Führt man die zu $y = O$ und $y = L$ gehörigen Werte des beeinflußten Energieflusses oder Massenstromes Y_O und Y_L und als Stellbereich

Tafel 6b. Näherungsformeln im Fall verschiedener Ein- und Ausschaltzeitkonstanten

Kennwerte der Arbeitsbewegung der Regelgröße	Zweipunktregler ohne Hysterese $T_t \geqq 0$	Zweipunktregler mit Hysterese nur gültig im Fall $T_t = 0$
$\frac{\overline{A}}{\Delta X}$	$\frac{1}{2}\left(\frac{T_t}{T_{S\,auf}}\frac{\Delta X - \Delta X_s}{\Delta X} + \frac{T_t}{T_{S\,ab}}\frac{\Delta X_s}{\Delta X}\right)$	$\frac{1}{2}\frac{X_d}{\Delta X}$
$\frac{\overline{X_B}}{\Delta X}$	$\frac{1}{2}\left(\frac{T_t}{T_{S\,auf}}\frac{\Delta X - \Delta X_s}{\Delta X} - \frac{T_t}{T_{S\,ab}}\frac{\Delta X_s}{\Delta X}\right)$	keine Angaben
$\frac{\widehat{T}}{T_{S\,auf}}$	$\frac{T_t}{T_{S\,auf}}\left(2 + \frac{T_{S\,ab}}{T_{S\,auf}}\frac{\Delta X - \Delta X_s}{\Delta X_s} + \frac{T_{S\,auf}}{T_{S\,ab}}\frac{\Delta X_s}{\Delta X - \Delta X_s}\right)$	$\frac{X_d}{\Delta X - \Delta X_s} + \frac{T_{S\,ab}}{T_{S\,auf}}\frac{X_d}{\Delta X}$
$\frac{T_{ein}}{T_{aus}}$	$\frac{1 + \frac{T_{S\,auf}}{T_{S\,ab}}\frac{\Delta X_s}{\Delta X - \Delta X_s}}{1 + \frac{T_{S\,ab}}{T_{S\,auf}}\frac{\Delta X - \Delta X_s}{\Delta X_s}}$	$\frac{T_{S\,auf}}{T_{S\,ab}}\frac{\Delta X_s}{\Delta X - \Delta X_s}$

Übergangsvorgang der Regelstrecke nach Bild 7d

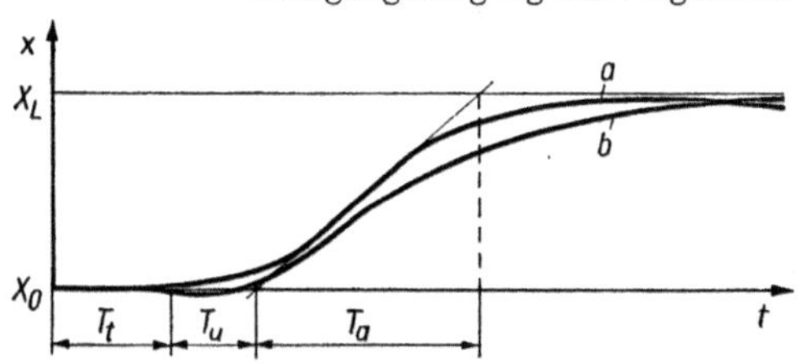

Bild 7e

$Y_h = Y_L - X_0$ ein, so gilt bei linearer Regelstrecke (Übertragungsfaktor K) und der Voraussetzung einer additiven Störgröße am Eingang der Strecke:

$$Y_h\, K = X_L - X_0\,,$$

$$K\,(z + Y_0) = X_0\,,$$

$$K\,(z + Y_L) = X_L$$

im stationären Zustand.

4. Arbeitet der Zweipunktregler nach dem Abtastprinzip, wird also nur zu den Zeitpunkten t_i ($i = 1, 2, 3, \ldots$) abgetastet, wobei $t_{i+1} - t_i = T_A$ der konstante Impulsabstand ist, so kann dieser Sachverhalt in den Faustformeln näherungsweise dadurch berücksichtigt werden, daß T_t durch $T_t + T_A$ (sehr sichere Abschätzung) bzw. durch $T_t + 0{,}5\, T_A$ (mittlere Abschätzung) ersetzt wird.

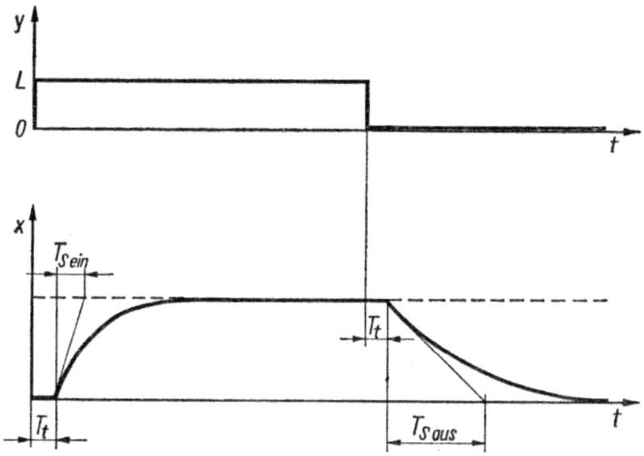

Bild 7f

5. Sind die Einschalt- und Ausschaltzeitkonstante der Regelstrecke verschieden (Bild 7f), so ist statt Tafel 6a die Tafel 6b zu verwenden.
6. Da der Parameter X_d im allgemeinen nicht beliebig wählbar ist, gibt es wenig Möglichkeiten für günstige Einstellungen. Man versuche $\Delta X = 2\, \Delta X_s$ zu realisieren. Im Fall $T_{S\,auf} = T_{S\,ab}$ erhält man dann $\overline{X}_B = 0$. Sehr kleine Werte von X_d sind nur dann günstig, wenn $T_t \gg 0$ ist, da sonst die Schalthäufigkeit zu groß wird.

1.8. Zweipunktregler und Regelstrecken ohne Ausgleich

Kennzeichnung des Regelkreises:

1. Die erweiterte Regelstrecke ohne Ausgleich habe ein Stellglied, das nur zwei Stellungen stationär einnehmen kann.

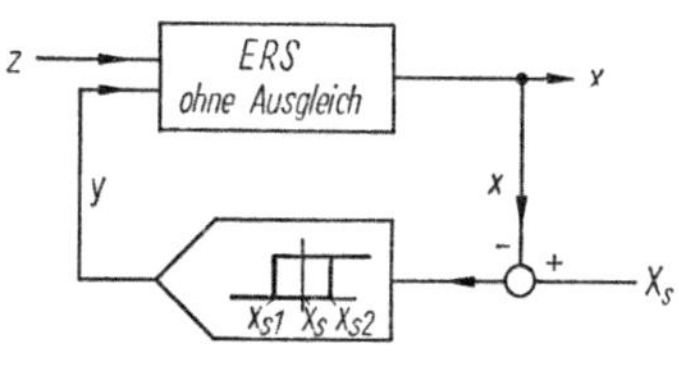

Bild 8a. Blockbild des Regelkreises

2. Der Regler hat am Ausgang nur zwei Werte, die den beiden stationären Schaltstellungen des Stellgliedes entsprechen.
3. Die Störgröße braucht nicht notwendig am Stellglied anzugreifen.

Regeln und Faustformeln:

1. Voraussetzungen

Der Regelkreis wird nur bei konstanten Störgrößen betrachtet. Die Regelstrecke sei ein Glied ohne Ausgleich und werde durch eine Totzeit T_t und die beiden Werte $\dot{X}_0$ (stationäre Geschwindigkeit der Regelgröße für

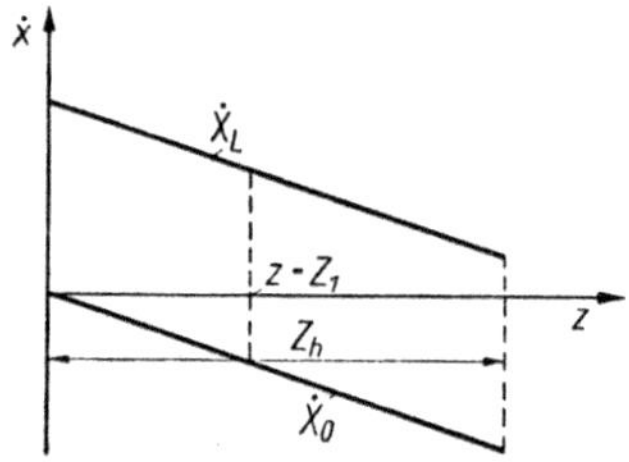

Bild 8b

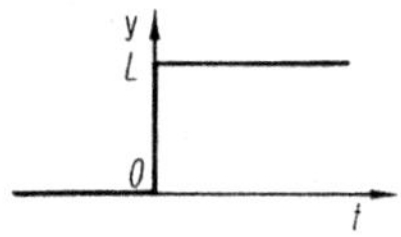

Bild 8c

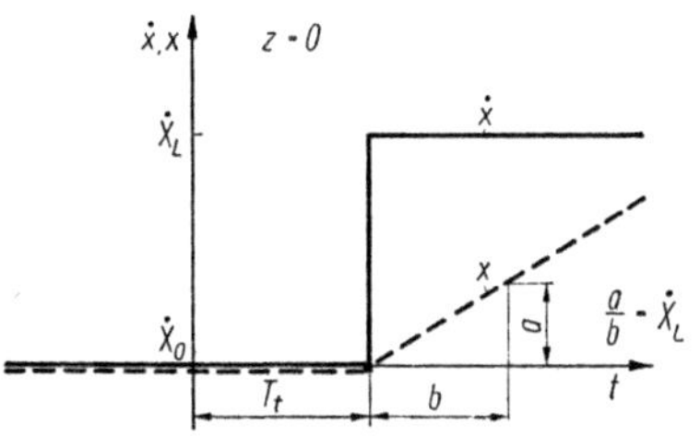

Bild 8d

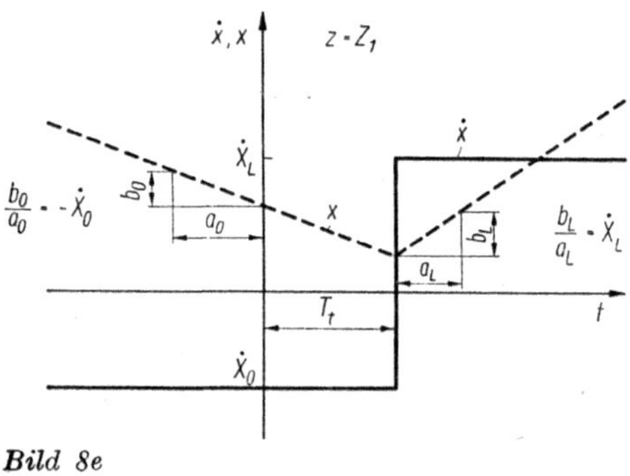

Bild 8e

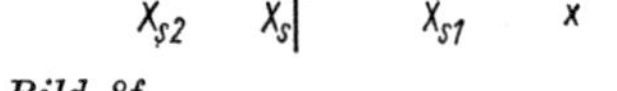

Bild 8f

$y = O$) und $\dot{X}_L$ (stationäre Geschwindigkeit der Regelgröße für $y = L$) beschrieben, wobei $y = O$ bzw. $y = L$ die beiden Zustände der Stellgröße sind. O bedeutet Energiefluß maximal gedrosselt, L bedeutet Energiefluß maximal freigegeben. T_t, $\dot{X}_L$, $\dot{X}_0$ können von der (den) Störgröße(n) abhängen. Es sind die jeweiligen stationären Werte zu verwenden.

Die Kennwerte des Reglers sind der obere Schaltpunkt X_{s1}, der untere Schaltpunkt X_{s2} sowie die Schaltdifferenz $X_d = X_{s2} - X_{s1}$. Damit eine

Zweipunktregelung sinnvoll arbeiten kann, wird vorausgesetzt, daß $\dot{X}_L \geqq 0$, $\dot{X}_0 \leqq 0$ ist. Ein Beispiel einer Kennlinie für $\dot{X}$ innerhalb des Störbereiches Z_h zeigt Bild 8b. Bei einer sprunghaften Änderung der Stellgröße von $y = O$ auf $y = L$ (Bild 8c) wird $x(t)$ und $\dot{x}(t)$ im Bild 8d für $z = 0$ und im Bild 8e für $z = Z_1$ angegeben. Die Kennlinie des Reglers zeigt Bild 8f.

2. Kennwerte des stationären Arbeitszyklus

Der Arbeitszyklus wird exakt durch eine Sägezahnkurve (Bild 8g) wiedergegeben. Die Kennwerte der Arbeitsbewegung sind

Amplitude A,

bleibende Mittelwertabweichung $\bar{\bar{X}}_B$,

Periode $\hat{T}$,

Einschalt-Ausschalt-Verhältnis T_{ein}/T_{aus}.

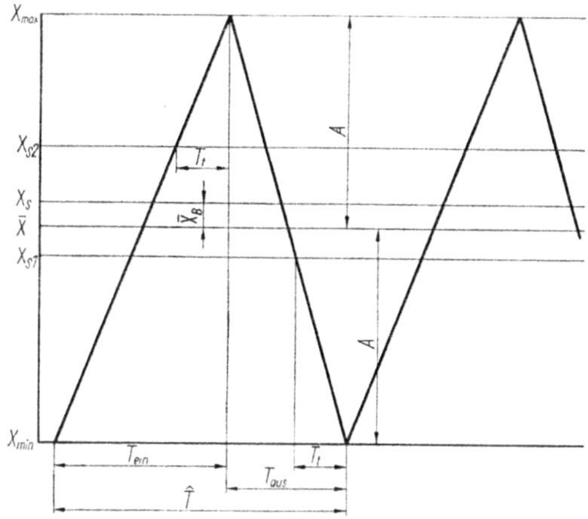

Bild 8g

Weitere charakteristische Werte sind

Maximum der Regelgröße X_{max},

Minimum der Regelgröße X_{min},

Mittelwert der Regelgröße $\bar{\bar{X}}$.

Für die Zusammenhänge zwischen den Größen gilt

$$2\,A = X_{max} - X_{min}\,,$$

$$2\,\bar{X} = X_{max} + X_{min}\,,$$

$$\bar{X}_B = \bar{X} - X_s\,,$$

$$\hat{T} = T_{ein} + T_{aus}\,.$$

3. Exakte Formeln für die Arbeitsbewegung

Die nach Bild 8g zu erwartende Pendelbewegung tritt bei konstanten Störgrößen stets dann auf, wenn $\dot{X}_L > 0$, $\dot{X}_O < 0$ ist. (In allen anderen Fällen, z. B. $\dot{X}_L = 0$ oder $\dot{X}_L < 0$ und $\dot{X}_O < 0$, kann die Regelung im beabsichtigten Sinne nicht mehr arbeiten.) Da es für die Amplitude der Arbeitsbewegung keinen natürlichen Bezugsbereich gibt, wurde A direkt angegeben. Alle anderen Größen wurden bezogen angegeben. Tafel 7 gibt die exakten Werte an, die auch für $T_t = 0$ gelten. Dabei wurde als Soll-Wert $X_s = (1/2)(X_{s1} + X_{s2})$ verwendet.

Tafel 7. Formeln im Fall gleicher Einschalt- und Ausschaltzeitkonstanten

Kennwerte der Arbeitsbewegung der Regelgröße	Zweipunktregler	
	ohne Hysterese	mit Hysterese
A	$\frac{T_t}{2}\left(\lvert\dot{X}_L\rvert + \lvert\dot{X}_O\rvert\right)$	$\frac{T_t}{2}\left(\lvert\dot{X}_L\rvert + \lvert\dot{X}_O\rvert\right) + \frac{X_d}{2}$
$\frac{\bar{X}_B}{A}$	$\frac{\lvert\dot{X}_L\rvert - \lvert\dot{X}_O\rvert}{\lvert\dot{X}_L\rvert + \lvert\dot{X}_O\rvert}$	$\frac{T_t\left(\lvert\dot{X}_L\rvert - \lvert\dot{X}_O\rvert\right)}{T_t\left(\lvert\dot{X}_L\rvert + \lvert\dot{X}_O\rvert\right) + X_d}$
$\frac{\hat{T}}{T_t}$	$2 + \left\lvert\frac{\dot{X}_L}{\dot{X}_O}\right\rvert + \left\lvert\frac{\dot{X}_O}{\dot{X}_L}\right\rvert$	$2 + \left\lvert\frac{\dot{X}_L}{\dot{X}_O}\right\rvert + \left\lvert\frac{\dot{X}_O}{\dot{X}_L}\right\rvert + \frac{X_d}{T_t}\left(\frac{1}{\lvert\dot{X}_O\rvert} + \frac{1}{\lvert\dot{X}_L\rvert}\right)$
$\frac{T_{ein}}{T_{aus}}$	$\left\lvert\frac{\dot{X}_O}{\dot{X}_L}\right\rvert$	$\frac{1 + \frac{X_d/T_t + \lvert\dot{X}_O\rvert}{\lvert\dot{X}_L\rvert}}{1 + \frac{X_d/T_t + \lvert\dot{X}_L\rvert}{\lvert\dot{X}_O\rvert}}$

Übergangsvorgang der Regelstrecke entsprechend Bild 8d bzw. 8e

Hinweise

1. Näherungsweise können die Formeln in Tafel 7 auch auf Regelstrecken ohne Ausgleich angewendet werden, die eine Verzugszeit T_u haben (Bild 8h). In diesem Fall ist in allen Formeln T_t durch $T_t + T_u$ zu ersetzen. Für $T_u \ll T_t$ sind die so erhaltenen Näherungsformeln gut brauchbar.

2. Der dynamische Übergang von einer Arbeitsbewegung zur anderen bei Änderung einer Störgröße wird durch die angegebenen Formeln nicht beschrieben.

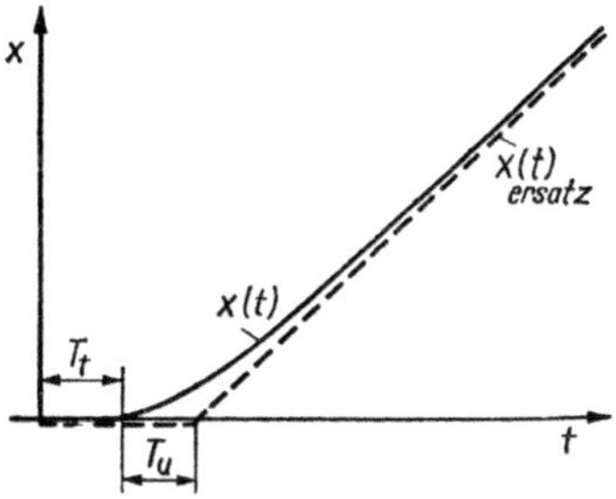

Bild 8h

3. Führt man die zu $y = 0$ und $y = L$ gehörigen Werte Y_0 und Y_L des beeinflußten Energieflusses oder Massenstromes und als Stellbereich $Y_h = Y_L - Y_0$ ein, so gilt bei linearer Regelstrecke (Übertragungsfaktor $K_{I,S}$) und der Voraussetzung einer additiven Störgröße am Eingang der Regelstrecke im stationären Zustand:

$$Y_h K_{I,S} = |\dot{X}_L| + |\dot{X}_0|\,,$$

$$(z + X_0)\, K_{I,S} = |\dot{X}_0|\,,$$

$$(z + Y_L)\, K_{I,S} = |\dot{X}_L|\,.$$

4. Arbeitet der Zweipunktregler nach dem Abtastprinzip, wird also nur zu den Zeitpunkten t_i ($i = 1, 2, 3, \ldots$) abgetastet, wobei $t_{i+1} - t_i = T_A$ der konstante Impulsabstand ist, so kann dieser Sachverhalt in den Formeln näherungsweise dadurch berücksichtigt werden, daß T_t durch $T_t + T_A$ (sehr sichere Abschätzung) bzw. durch $T_t + \frac{1}{2} T_A$ (mittlere Abschätzung) ersetzt wird.

5. Da der Parameter X_d im allgemeinen nicht einstellbar ist, gibt es nur wenige Möglichkeiten für günstige Einstellungen. Man versuche $\dot{X}_L = \dot{X}_0$ zu realisieren, da dann $\overline{X}_B = 0$ wird. Sehr kleine Werte von X_d sind nur dann günstig, wenn $T_t \gg 0$ ist, da sonst die Schalthäufigkeit zu groß wird.

1.9. Zweilaufregler an Regelstrecken mit Ausgleich

Kennzeichnung des Regelkreises:

1. Die erweiterte Regelstrecke mit Ausgleich habe ein Stellglied mit stetiger Kennlinie (Bild 9a).

2. Der Regler besitze einen integralen Stellantrieb mit konstanter Stellgeschwindigkeit V_{St} und ein Dreipunktglied. Den drei Ausgängen des Dreipunktgliedes entsprechen die drei Werte $\dot{y} = +V_{St}$, $\dot{y} = 0$, $\dot{y} = -V_{St}$.

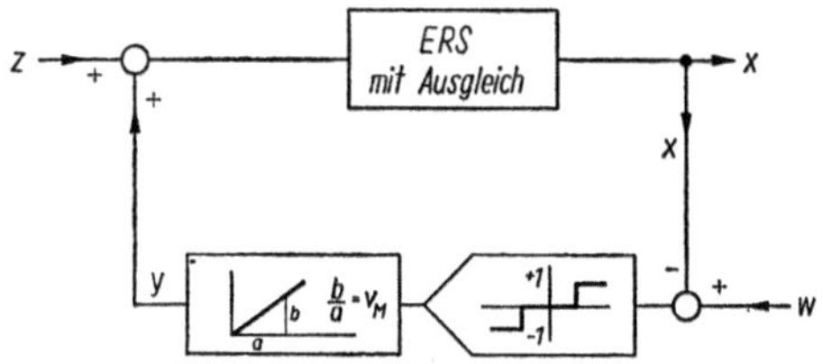

Bild 9a
Blockbild des Regelkreises

Regeln und Faustformeln:

1. Voraussetzungen

Die Regelstrecke wird als lineares Glied mit Ausgleich angesehen, das sich durch eine Totzeit T_t, eine Zeitkonstante T_S und den Übertragungsfaktor K_S beschreiben läßt. Die Übergangsfunktion zeigt Bild 9b. Außer der Stellgeschwindigkeit V_{St} hat der Regler noch die Ansprechempfindlichkeit X_a (Bild 9c) als Parameter. Die Störgrößen dürfen sich, gemessen an der Stellgeschwindigkeit, nur langsam ändern.

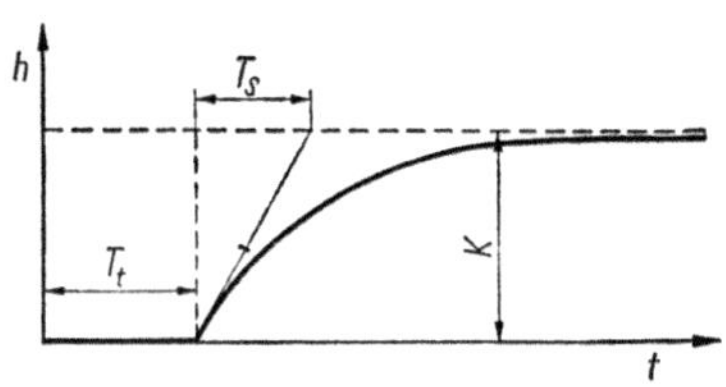

Bild 9b

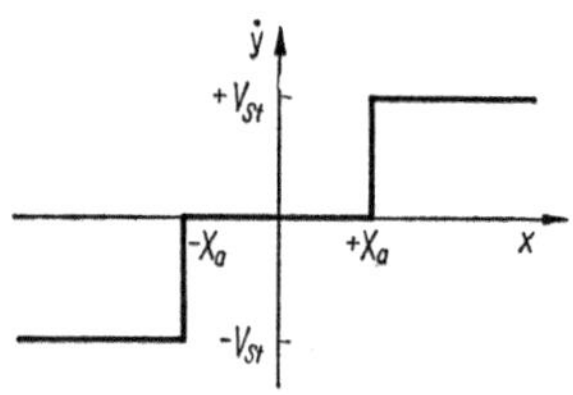

Bild 9c

2. Günstige Einstellung

Die Einstellung wird als günstig angesehen, wenn die Regelgröße im geschlossenen Regelkreis mit einer möglichst geringen Ausregelzeit annähernd aperiodisch einschwingt.
Einstellregel:

$$V_{St} = \frac{2X_a}{K_S\,(T_t + T_S)}\,.$$

Hinweise

1. Bei hoher statischer Genauigkeit, d. h. X_a sehr klein, ergeben sich sehr kleine Stellgeschwindigkeiten, also große Ausregelzeiten.

2. Zweilaufregler dürfen *nicht* an Regelstrecken ohne Ausgleich eingesetzt werden. Sie liefern strukturinstabile Regelkreise.

3. Führt man zwischen Dreipunktglied und Stellantrieb noch einen Taktgeber ein, der innerhalb eines Impulsabstandes T_A nur während der

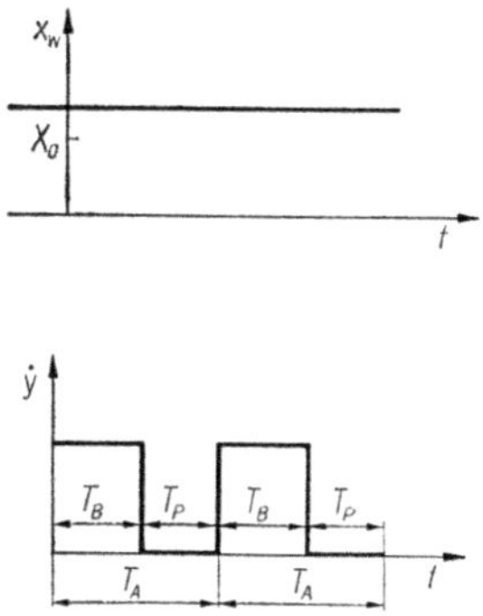

Bild 9d

Impulsdauer T_B den Signalfluß durchläßt und während der Pausenzeit T_P Null liefert ($T_A = T_B + T_P$), so erhält man einen getasteten Zweilaufregler (dynamisches Verhalten s. Bild 9d). Für diesen gilt näherungsweise die Einstellregel:

$$V_{St} = \frac{2X_a}{K_S \cdot \frac{1}{2}(T_S + T_t)\,\frac{T_B}{T_A}\left(1 + \frac{T_B}{T_A}\right) + T_B\left(1 - \frac{T_B}{T_A}\right)}\,.$$

4. Wählt man für die Stellgeschwindigkeit wesentlich größere Werte als diejenigen, die sich nach den Formeln ergeben, so kann der Regelkreis instabil werden.

5. Wird eine Regelstrecke durch Totzeit T_t, Verzugszeit T_u und Ausgleichzeit T_a beschrieben, so erhält man grobe Abschätzungen, wenn man in der für günstige Einstellung angegebenen Formel T_t durch $T_t + T_u$ und T_S durch T_a ersetzt.

6. Werden an Zweilaufreglern noch entsprechende Rückführungen angebracht, so erhält man nichtlineare Regler, die den linearen PID-Reglern in bestimmten Eigenschaften ähnlich sind. Das Arbeitsverhalten läßt sich jedoch durch wenige Faustformeln schlecht beschreiben. Hierfür sind nähere Betrachtungen notwendig (RA 15).

2. Einschwingverhalten linearer Grundglieder

Als Grundkenntnisse werden die Begriffe vorausgesetzt, die mit der Übergangsfunktion zusammenhängen.
Weitere Angaben bezüglich Gewichtsfunktion, Frequenzgang oder Differentialgleichung sind als zusätzliche Angaben zu werten. Der Leser kann ohne diese Begriffe die Formeln, Kurven und Tafeln vollständig auswerten.

Bei der Auswahl aus der umfangreichen Literatur über das Einschwingverhalten linearer Glieder wurden folgende Gesichtspunkte berücksichtigt:

1. Das Einschwingverhalten der wichtigsten Typen von linearen Regelstrecken soll miterfaßt werden. Daher wurden die Grundtypen von P- und I-Gliedern aufgenommen.
2. Die Einwirkungen sprunghafter Veränderungen von Störgrößen am Eingang der Regelstrecke und der Führungsgröße in Regelkreisen, die Systeme 2. Ordnung sind, auf die Regelgröße sollen explizit beschrieben werden können. Daher wurden zusätzlich die D-Glieder mit Verzögerung 1. und 2. Ordnung berücksichtigt.
3. In die Beschreibung der Glieder wurden diejenigen empirischen Kennwerte aus dem Zeitbereich mitaufgenommen, die für die Kennwertermittlung im Zeitbereich unbedingt erforderlich sind.

Insgesamt werden daher P-, I- und D-Glieder betrachtet. Dabei werden für Verzögerungen 1. und 2. Ordnung alle Möglichkeiten[1]) erfaßt, während bei Verzögerungen höherer Ordnung nur die Fälle aperiodischer Verzögerung mit gleicher Zeitkonstante berücksichtigt werden. Das Einschwingverhalten gemischter Glieder von PD-, PI-, PID-Gliedern wurde nicht aufgenommen. Der interessierte Leser sei auf die Literatur [6] [7] [10] [13] und die Arbeitsblätter des Instituts für Regelungstechnik, Reihe Kennwertermittlung [14], verwiesen. Für die Berechnung des Einschwingverhaltens durch additive Überlagerung können allerdings die vorliegenden Angaben ausgenutzt werden.
Bei der Anwendung dieser Beziehungen in der Praxis muß beachtet werden, daß alle Beziehungen nur gelten, wenn die Glieder linear sind, konstante Parameter und den angegebenen Typ haben. Es werden je nach den tatsächlichen Eigenschaften der untersuchten Bauglieder stets Abweichungen auftreten, die in dem einen Fall vernachlässigbar klein, in

[1]) Eine Ausnahme bilden die I-Glieder, bei denen nur der aperiodische Fall behandelt wurde.

einem anderen Fall jedoch erheblich sein können. Diese Abweichungen beeinträchtigen aber nicht die Gültigkeit der angegebenen Kurven, Tafeln oder Formeln, sondern sind ein Ausdruck dafür, daß das reale System nicht alle Voraussetzungen erfüllt, die die hier behandelten theoretischen Modelle fordern.

Für jeden Typ, der behandelt wird, ist das Blatt nach ein und demselben Schema aufgebaut, das nachstehend angegeben ist.

Dabei bedeutet ein Punkt über x, also $\dot{x}$, die Ableitung (Differentialquotient) nach der Zeit. Zwei Punkte kennzeichnen entsprechend die 2. Ableitung.

So findet man auf der jeweils 1. Seite oben links die Blockbilder mit eingetragener Übergangsfunktion als Symbol nach TGL 14 591, S. 11 und 12, oben rechts Blockbilder mit eingetragenem Frequenzgang, unten links die Gewichtsfunktion und unten rechts die Differentialgleichung. Jeder Leser kann entsprechend seiner Vorbildung Zugang zu dieser Tabelle erhalten. Die gesamte Darstellung ist primär auf die Übergangsfunktion abgestimmt. Der Leser, der die Theorie der Laplace-Transformation kennt, kann auch die Interpretation des Frequenzganges als Übertragungsfunktion verwenden.

Auf Grund des einheitlichen Druckbildes wird darauf verzichtet, für die jeweils eingetragenen Blockbilder, Kurven oder mathematischen Beziehungen der jeweils 1. Seite noch erläuternden Text anzugeben.

Die 2. (und evtl. folgende) Seite, die zu einem Typ gehört, enthält wieder standardisiert die Zeile mit Nummer, Nomenklatur und Symbol, so daß sofort ersichtlich ist, zu welchem Glied die Kurven, Formeln oder Tafeln gehören.

Entsprechend der genannten Zielstellung können die Kurven und Tafeln auch zur Kennwertermittlung verwendet werden. Für zwei Typen von P-Gliedern ist der Algorithmus zur Kennwertermittlung im Abschn. 3. angegeben. Eine ausführliche Darstellung der Kennwertermittlung enthält RA 20.

Der Wichtigkeit wegen sollen die drei grundlegenden Begriffe Übergangsfunktion, Gewichtsfunktion und Frequenzgang in ihrer Definition nach TGL 14 591 (s. auch RA 40 oder DIN 19 226) zitiert werden:

Die Sprungantwort ist dasjenige Ausgangssignal eines linearen Gliedes, mit dem ein Sprungsignal am Eingang beantwortet wird. Die Sprungantwort hat die Dimension des Ausgangssignals des Gliedes. Die Übergangsfunktion ist die durch Quotientenbildung auf die Sprunghöhe des Eingangssignals bezogene Sprungantwort. Die Dimension der Übergangsfunktion ist die Dimension des Ausgangssignals, dividiert durch die Dimension des Eingangssignals.

Die Stoßantwort ist dasjenige Ausgangssignal eines linearen Gliedes, mit dem ein Stoßsignal (Nadelimpulssignal) am Eingang beantwortet wird. Die Stoßantwort hat die Dimension des Ausgangssignals. Die Gewichtsfunktion ist die durch Quotientenbildung auf das Zeitintegral (Fläche)

1. Seite eines Gliedes

Nr.	Nomenklatur des Gliedes	Buchstaben-symbol

Blockbild Symbole aus der Übergangsfunktion	Blockbild Symbole aus dem Frequenzgang
Voraussetzungen für dieses Blatt	Statische Kennlinie
Formel für den Frequenzgang	
Formel für die Übergangsfunktion	
Grafische Darstellung der Übergangsfunktion mit eingetragenen Kennwerten	
Gewichtsfunktion	Differentialgleichung

2. Seite und folgende eines Gliedes

Nr.	Nomenklatur des Gliedes	Buchstaben-symbol

Charakteristische Kennwerte und ihre Beziehungen zueinander:

Formeln — Kurven — Tafeln

des Eingangsimpulses bezogene Stoßantwort. Die Dimension der Gewichtsfunktion ist die Dimension des Ausgangssignals, dividiert durch die mit der Dimension der Zeit multiplizierte Dimension des Eingangssignals.
Zur Ermittlung des Frequenzganges $F(j\omega)$ linearer Glieder wird ein sinusförmiges Eingangssignal mit konstanter Amplitude und der Kreisfrequenz ω betrachtet. Das zugehörige Ausgangssignal ist im eingeschwungenen Zustand wieder eine Sinusschwingung mit der gleichen Kreisfrequenz ω, deren Amplitude und Phasenlage von ω abhängt. Bildet man für jedes ω $(0 \leqq \omega < \infty)$ diejenige komplexe Zahl, deren absoluter Betrag der Quotient aus Amplitude des Ausgangssignals und Amplitude des Eingangssignals ist und deren Argument die Phasenverschiebung ist, so erhält man den Frequenzgang als die Gesamtheit dieser komplexen Zahlen in Abhängigkeit von ω. Im folgenden wird $j\omega = p$ gesetzt, also $F(j\omega) = F(p)$.

2.1. P-Glieder

2.1.1.	P-Glied mit Verzögerung 1. Ordnung	P — T1

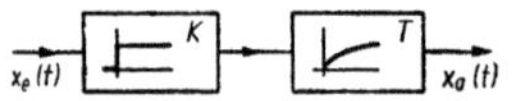

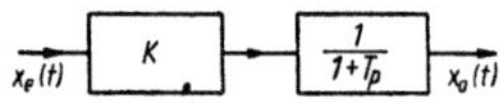

$K \neq 0$

$T > 0$

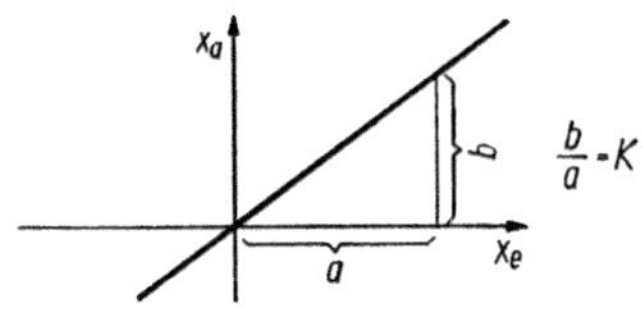

$$F(p) = \frac{K}{1 + Tp}$$

$$h(t) = K\,(1 - e^{-t/T})$$

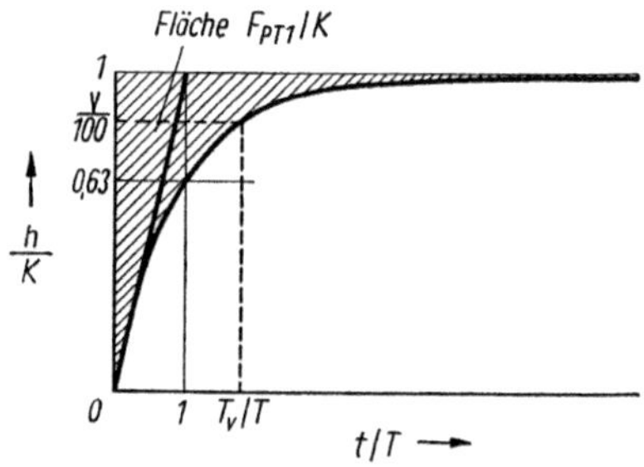

$$g(t) = (K/T)e^{-t/T}$$

$$T\dot{x}_a + x_a = Kx_e$$

$$\textit{Fläche } P - T1 = \int_0^\infty (K - h(t))\,dt = KT$$

$h(0^+) = 0,\qquad h(\infty) = K$

$\dot{h}(0^+) = K/T,\qquad \dot{h}(\infty) = 0$

$h(T) = 0{,}63\,K$

$h(T_v) = Kv/100 \qquad (v = 0, 1, 2, \ldots, 99, 100)$

$T_v/T = 4{,}61 - \ln(100 - v)$

$(T_{67} - T_{10})/T = 1, \qquad T_{63}/T = 1$

$T_{95}/3T = 1$

Tafel 8. Zusammenhang zwischen Zeitprozentkennwerten und der Zeitkonstanten

v	1	5	10	20	30	40	50	60	70	80	90	95	99
T_v/T	0,02	0,06	0,11	0,23	0,36	0,52	0,70	0,92	1,21	1,61	2,31	3,00	4,61
T_v/T_{10}	0,18	0,55	1,00	2,09	3,27	4,73	6,36	8,36	11,00	14,7	21,0	27,3	41,9
T_v/T_{50}	0,03	0,09	0,16	0,33	0,51	0,74	1,00	1,31	1,72	2,30	3,30	4,29	6,59

2.1.2.	**P-Glied mit aperiodischer Verzögerung 2. Ordnung**	**P — T2**

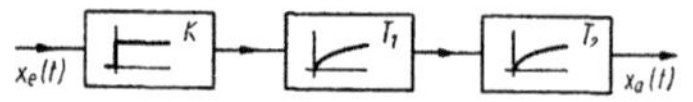

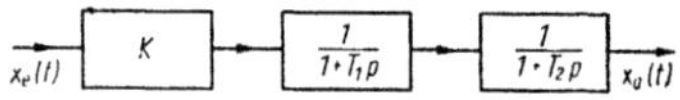

$K \neq 0$

$T_1 = T,\ T_2 = bT$

$T_1 > 0,\ b > 0$

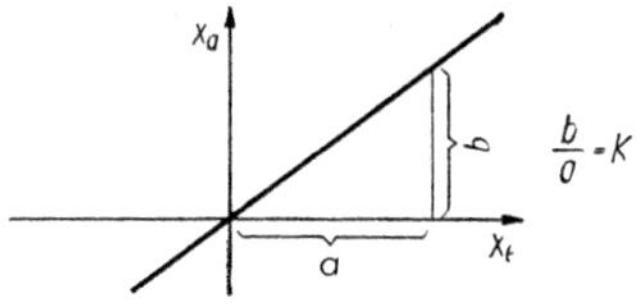

$$F(p) = \frac{K}{(1 + Tp)\,(1 + Tbp)}$$

$$h(t) = K\,(1 - (1 - b)^{-1} e^{-t/T} + b\,(1 - b)^{-1} e^{-t/bT}) \text{ für } b \neq 1$$

$$h(t) = K\,(1 - (1 + t/T)\,e^{-t/T}) \text{ für } b = 1$$

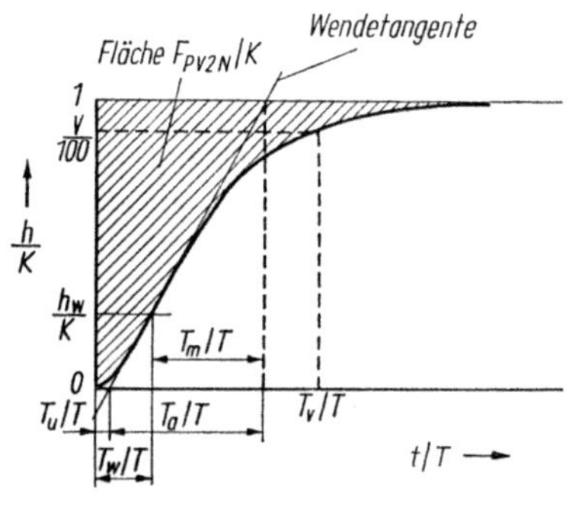

$g(t) = K\,(e^{-t/T} - e^{-t/bT})/(T\,(1 - b))\quad b \neq 1$ $g(t) = K\,e^{-t/T}\,(t/T^2)\quad b = 1$	$bT^2\ddot{x}_a + (1 + b)\,T\dot{x}_a + x_a = Kx_e$

$$\textit{Fläche } P - T2 = \int_0^\infty (K - h(t))\,\mathrm{d}t = T\,(1 + b)$$

$h(0^+) = 0,$ $\qquad h(\infty) = K$

$\dot{h}(0^+) = 0,$ $\qquad \dot{h}(\infty) = 0$

$\ddot{h}(T_\mathrm{w}) = 0$

$h(T_\mathrm{w}) = K\,(1 - (1 + b))\,h^{-b/(b-1)}$

$T_\mathrm{w}/T = (b - 1)^{-1}\,b \ln b$

$T_\mathrm{a}/T = b^{b/(b-1)}$

$T_\mathrm{u}/T = (b - 1)^{-1}\,b \ln b + (1 + b) - b^{b/(b-1)}$

$T_\mathrm{a}/T_\mathrm{u} = \left(b^{-b/(b-1)}\,((b - 1)^{-1}\,b \ln b + 1 + b) - 1\right)^{-1}$

$T_\mathrm{a}/T_\mathrm{u} \geqq 9{,}65$

$T_\mathrm{m} = T_\mathrm{u} + T_\mathrm{a} - T_\mathrm{w}$

$T_\mathrm{a} = T_\mathrm{w} + T_\mathrm{m} - T_\mathrm{u}$

$h(T_v) = K\,v/100$

Tafel 9. Grenzwerte für die empirischen Kennwerte

	$b \to 0$	$b \to 1$		$b \to 0$	$b \to 1$
T_u/T	0	0,28	T_{10}/T	0,10	0,53
T_a/T	1	2,7	T_{50}/T	0,68	1,68
T_w/T	0	1	T_{90}/T	2,3	3,89
$T_\mathrm{a}/T_\mathrm{u}$	∞	9,65	T_{95}/T	3,0	4,74
h_w/K	0	0,26	T_{50}/T_{10}	6,8	3,16
Fläche P-T2	TK	2TK	T_{90}/T_{10}	23	7,30
			T_{90}/T_{50}	3,4	2,32

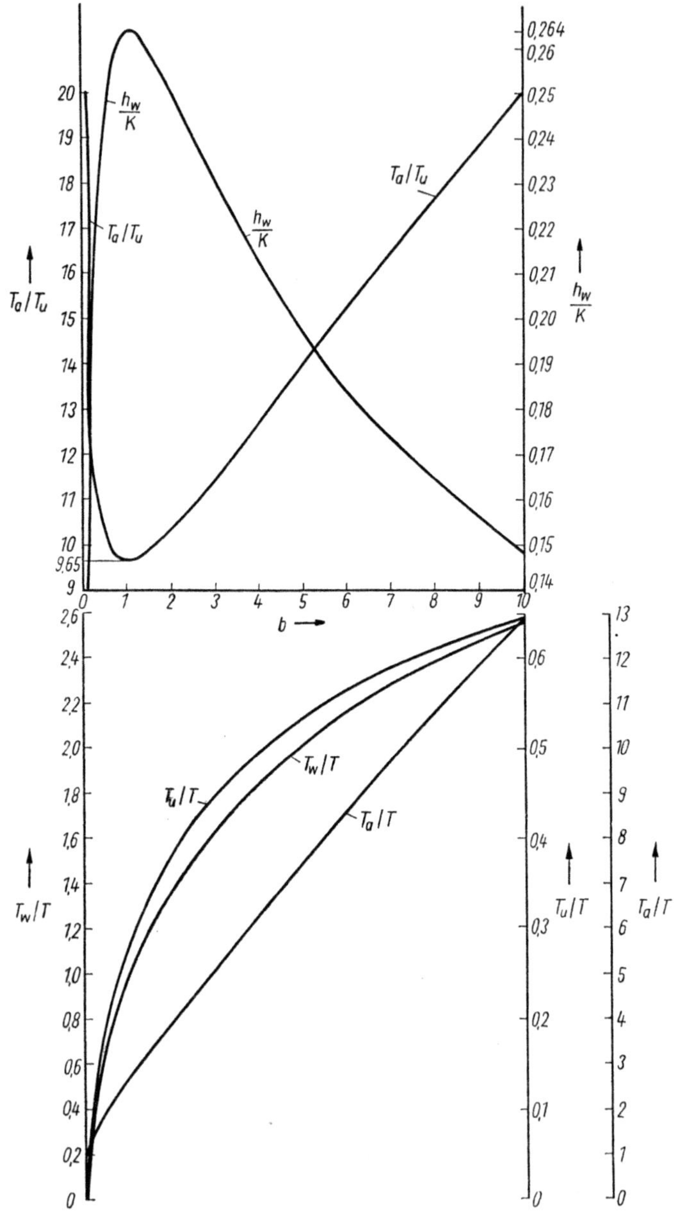

Bild 10a. Zusammenhang zwischen empirischen Kennwerten aus der Wendetangentenkonstruktion und theoretischen Kennwerten

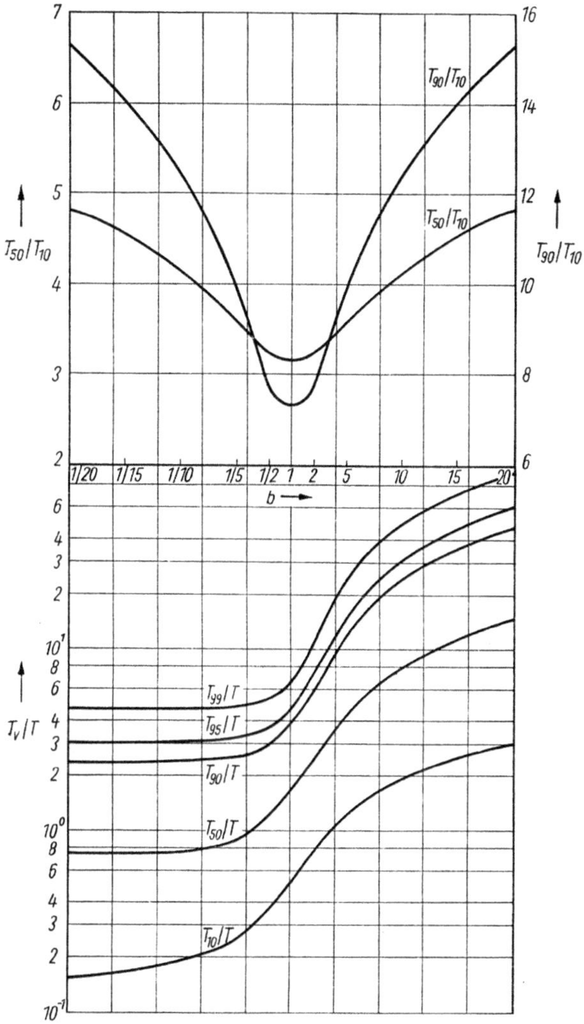

Bild 10b. Zusammenhang zwischen Zeitprozentkennwerten und theoretischen Kennwerten

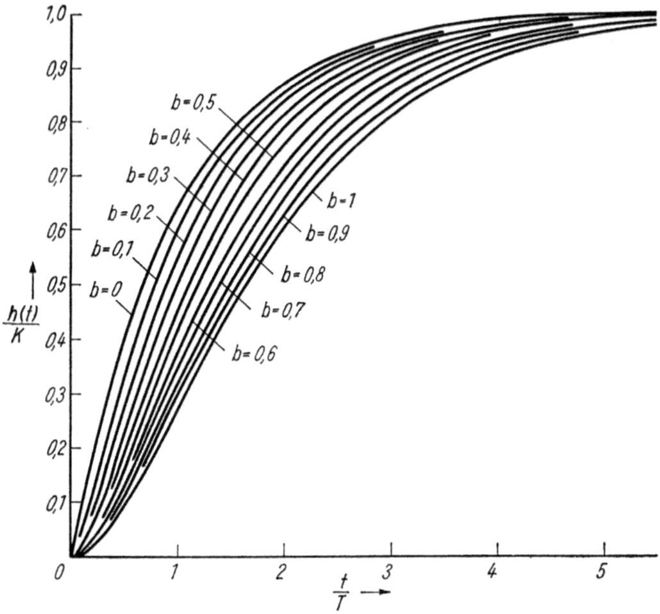

Bild 10c. Bezogene Übergangsfunktion h(t)/K als Funktion von t/T in Abhängigkeit vom Zeitkonstantenverhältnis b

2.1.3.	**P-Glied mit periodischer Verzögerung 2. Ordnung**	**P — T*2**

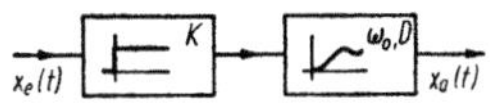

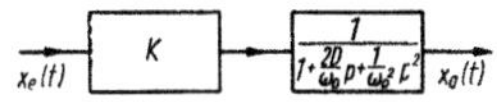

$K \neq 0$

$0 < D < 1$

$\frac{1}{T} = \omega_0 > 0$

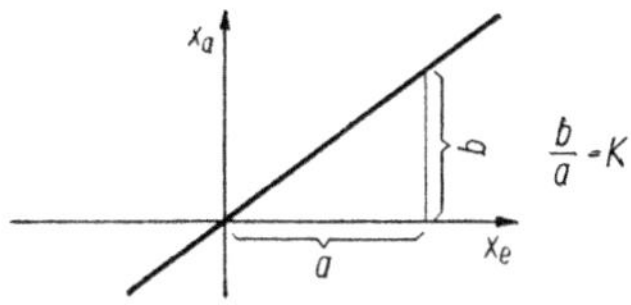

$$F(p) = \frac{K}{1 + 2DTp + T^2p^2}$$

$$h(t) = K\,(1 - (1 - D^2)^{-1/2}\, e^{-Dt/T} \sin((1 - D^2)^{1/2}\, t/T + \varphi))$$

$$\arccos D = \varphi, \; 0 < \varphi < \frac{\pi}{2}$$

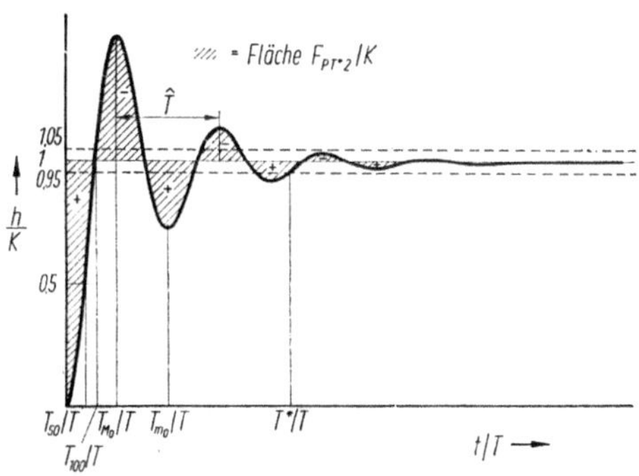

$g(t) = \frac{K\,(1 - D^2)^{-1/2} e^{-Dt/T}}{T} \sin((1 - D^2)^{1/2} t/T)$	$T^2\ddot{x}_a + 2DT\dot{x}_a + x_a = Kx_e$

$$\mathit{Fläche}\ P - T^*2 = \int_0^\infty (K - h(t))\,\mathrm{d}t = 2DKT$$

$h(0^+) = 0, \qquad h(\infty) = K$

$\dot{h}(0^+) = 0, \qquad \dot{h}(\infty) = 0$

$\dot{h}(T_{\mathrm{m}_l}) = 0, \qquad \dot{h}(T_{\mathrm{M}_l}) = 0$

$\ddot{h}(T_{\mathrm{m}_l}) > 0, \qquad \ddot{h}(T_{\mathrm{M}_l}) < 0$

$T_{\mathrm{M}_l}/T = (1 + 2l)\,\pi/\sqrt{1 - D^2} \qquad (l = 0, 1, 2, \ldots)$

$T_{\mathrm{m}_l}/T = (2 + 2l)\,\pi/\sqrt{1 - D^2} \qquad (l = 0, 1, 2, \ldots)$

$T_{\mathrm{M}_0} = T_{\mathrm{m}_0}/2, \qquad \hat{T} = 2T_{\mathrm{M}_0} = T_{\mathrm{m}_0}$

$h(T_{\mathrm{M}_0}) = K(1 + \exp(-D\pi\,(1 - D^2)^{-1/2}))$

$T_{100}/T = (\pi - \arccos D)/\sqrt{1 - D^2}$

$T^*/T \leqq D^{-1} \ln 20 \approx 3/D$

$\ddot{h}(T_{\mathrm{W}}) = 0, \qquad T_{\mathrm{W}} < T_{100}$

T_{W}/T s. Bild 11a

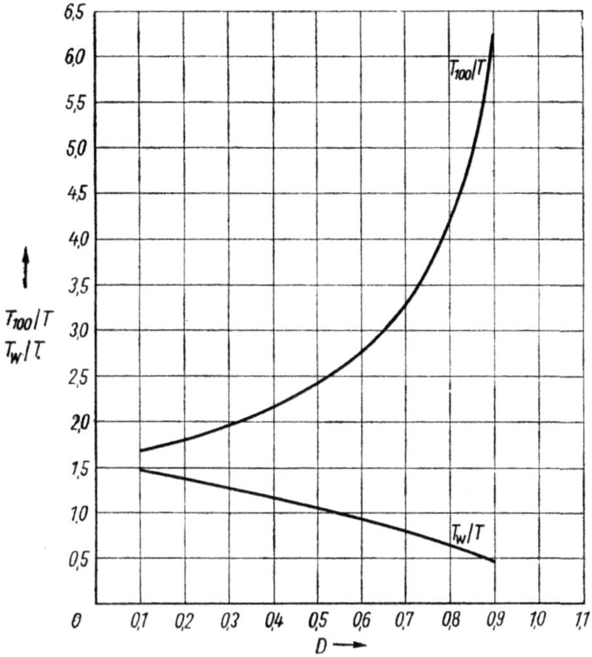

Bild 11a. Bezogene Zeitkennwerte T_{100}/T und T_w/T als Funktion der Dämpfung D

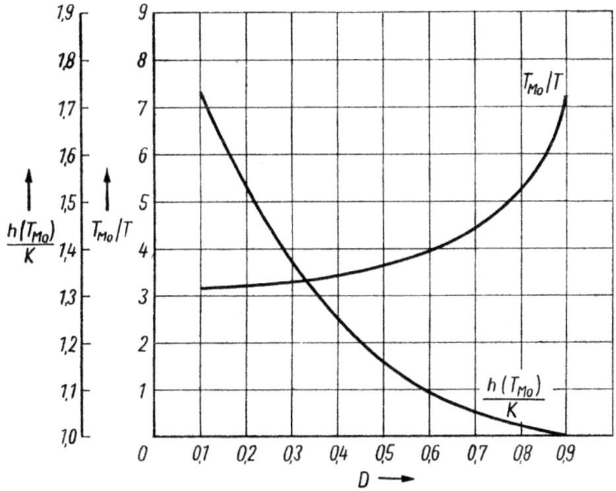

Bild 11b. Bezogenes maximales Überschwingen und zugehöriger bezogener Zeitwert als Funktion der Dämpfung D

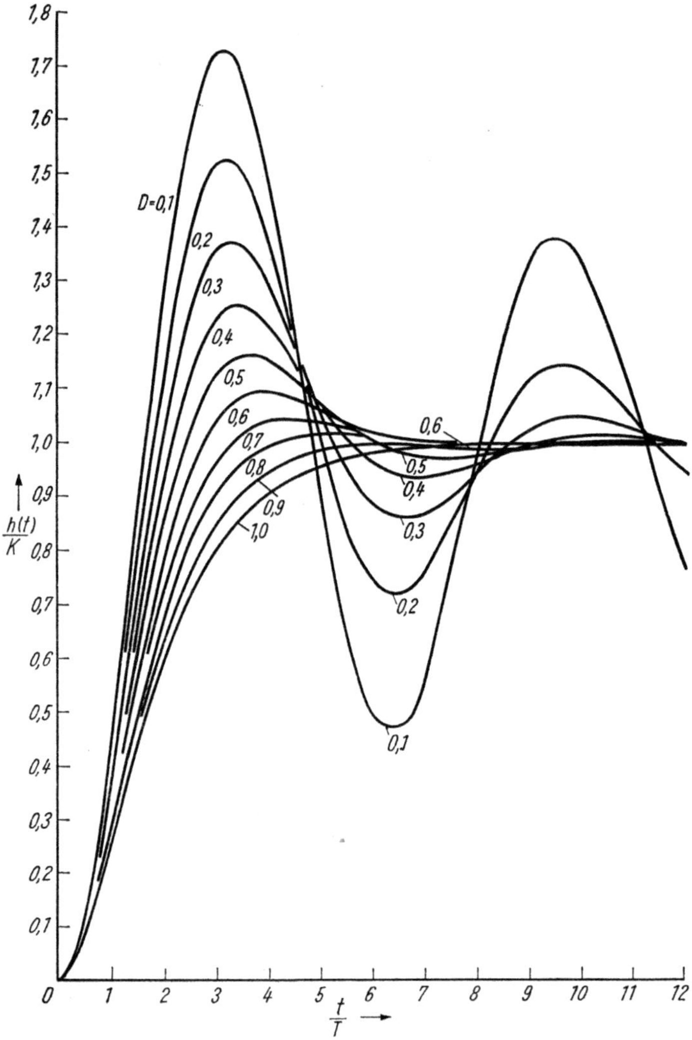

Bild 11c. Bezogene Übergangsfunktion h(t)/K als Funktion von t/T in Abhängigkeit von der Dämpfungskonstanten D

2.1.4.	**P-Glied mit aperiodischer Verzögerung und n gleichen Zeitkonstanten**	**P — Tn**

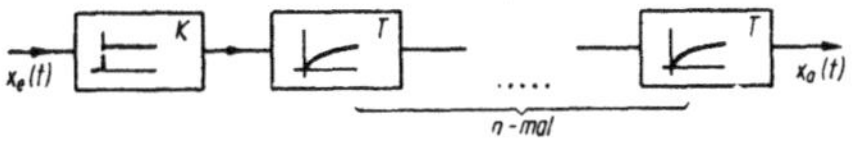

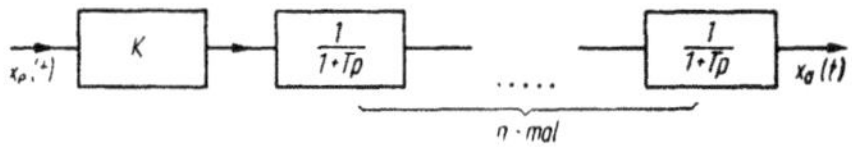

$K \neq 0$

$T > 0$

$1 \leqq n \leqq 10$

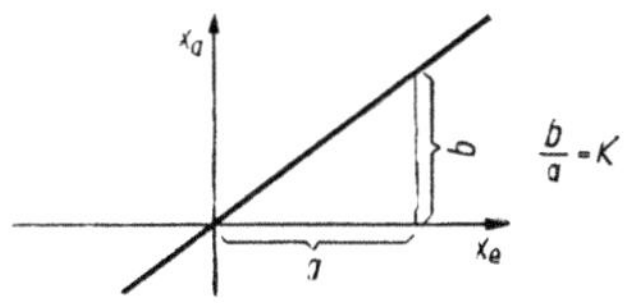

$$F(p) = \frac{K}{(1 + Tp)^n}$$

$$h(t) = K \left(1 - \mathrm{e}^{-t/T} \sum_{r=0}^{n-1} \frac{(t/T)^r}{r!}\right)$$

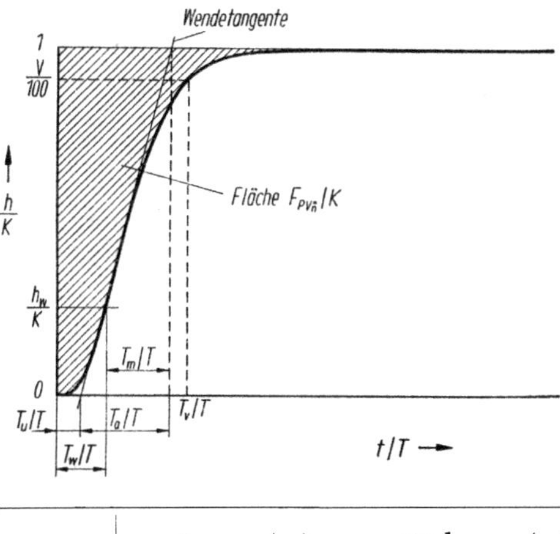

$$g(t) = \frac{K\,\mathrm{e}^{-t/T}}{T\,(n-1)!}\left(\frac{t}{T}\right)^{n-1}$$

$$T^n \frac{\mathrm{d}^n x_\mathrm{a}}{\mathrm{d}t^n} + \binom{n}{1} T^{n-1} \frac{\mathrm{d}^{n-1} x_\mathrm{a}}{\mathrm{d}t^{n-1}} + \binom{n}{2} T^{n-2} \frac{\mathrm{d}^{n-2} x_\mathrm{a}}{\mathrm{d}t^{n-2}} + \ldots + \binom{n}{n-1} T \frac{\mathrm{d}x_\mathrm{a}}{\mathrm{d}t} + x_\mathrm{a} = K x_\mathrm{e}$$

$$\text{Fläche } P - T\overline{\overline{n}} = \int_0^\infty (K - h(t))\,\mathrm{d}t = KnT$$

$h(0^+) = 0, \qquad h(\infty) = K$

$$\dot{h}(0^+) = \begin{cases} K/T \text{ für } n = 1 \\ 0 \text{ für } n > 1 \end{cases}$$

$\dot{h}(\infty) = 0$

Für $n \geqq 2$ gilt:

$\ddot{h}(T_{\mathrm{w}}) = 0$

$$h(T_{\mathrm{w}}) = K\left(1 - \mathrm{e}^{-(n-1)} \sum_{r=0}^{n-1} \frac{(n-1)^r}{r!}\right)$$

$T_{\mathrm{w}}/T = n - 1$

$$T_{\mathrm{u}}/T = (n-1)\left(1 - \frac{(n-2)!\left(\mathrm{e}^{n-1} - \sum_{r=0}^{n-1} \frac{(n-1)^r}{r!}\right)}{(n-1)^{(n-1)}}\right)$$

$$T_{\mathrm{a}}/T = \frac{(n-1)!}{(n-1)^{(n-1)}}\,\mathrm{e}^{(n-1)}$$

$$T_{\mathrm{a}}/T_{\mathrm{u}} = \frac{(n-2)!\,\mathrm{e}^{(n-1)}}{(n-1)^{(n-1)} - (n-2)!\left(\mathrm{e}^{(n-1)} - \sum_{r=0}^{n-1} \frac{(n-1)^r}{r!}\right)}$$

$T_{\mathrm{m}} = T_{\mathrm{u}} + T_{\mathrm{a}} - T_{\mathrm{w}}$

$T_{\mathrm{a}} = T_{\mathrm{w}} + T_{\mathrm{m}} - T_{\mathrm{u}}$

$h(T_v) = K\,v/100$

T_v/T und $T_v/T_{v'}$ s. Tafel 9b

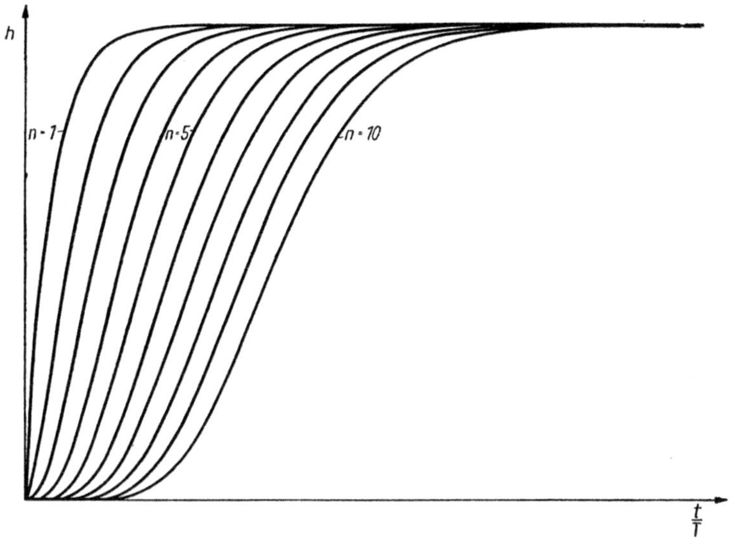

Bild 12. Bezogene Übergangsfunktion h(t)/K als Funktion von t/T in Abhängigkeit von der Ordnung n

Tafel 10a. Zusammenhang zwischen empirischen Kennwerten aus der Wendetangentenkonstruktion und theoretischen Kennwerten

n	T_a/T_u	T_m/T_a	T_u/T	T_a/T	T_w/T	$h(T_w)/K$	n
1	∞	1,00	0,00	1,00	0	0,00	1
2	9,65	0,74	0,28	2,72	1	0,26	2
3	4,59	0,68	0,81	3,70	2	0,32	3
4	3,13	0,65	1,43	4,46	3	0,35	4
5	2,44	0,63	2,10	5,12	4	0,37	5
6	2,03	0,62	2,81	5,70	5	0,38	6
7	1,75	0,61	3,55	6,23	6	0,39	7
8	1,56	0,60	4,31	6,71	7	0,40	8
9	1,42	0,59	5,08	7,17	8	0,41	9
10	1,29	0,59	5,87	7,59	9	0,41	10

Tafel 10b. Zusammenhang zwischen Zeitprozentkennwerten und theoretischen Kennwerten

n	T_{10}/T	T_{30}/T	T_{50}/T	T_{70}/T	T_{90}/T	T_{95}/T	T_{99}/T	T_{90}/T_{10}	T_{50}/T_{10}	T_{90}/T_{50}	n
1	0,11	0,36	0,69	1,20	2,30	3,00	4,61	21,9	6,58	3,32	1
2	0,53	1,10	1,68	2,44	3,89	4,74	6,64	7,30	3,16	2,32	2
3	1,10	1,91	2,67	3,62	5,32	6,30	8,41	4,84	2,43	1,99	3
4	1,74	2,76	3,67	4,76	6,68	7,75	10,1	3,84	2,11	1,82	4
5	2,43	3,63	4,67	5,89	7,99	9,15	11,6	3,29	1,92	1,71	5
6	3,15	4,52	5,67	7,01	9,27	10,5	13,1	2,94	1,80	1,64	6
7	3,89	5,41	6,67	8,11	10,5	11,8	14,6	2,71	1,71	1,58	7
8	4.66	6,31	7,67	9,21	11,8	13,2	16,0	2,53	1,65	1,54	8
9	5,43	7,22	8,67	10,3	13,0	14,4	17,4	2,39	1,60	1,50	9
10	6,22	8,13	9,67	11,4	14,2	15,7	18,8	2,28	1,55	1,47	10

2.2. D-Glieder

2.2.1.	D-Glied mit Verzögerung 1. Ordnung	D — T1

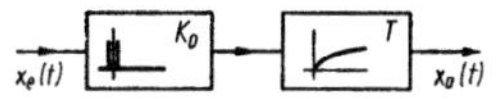

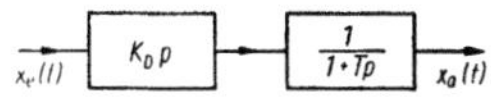

$K_D \neq 0$
$K_D = KT$
$T > 0$

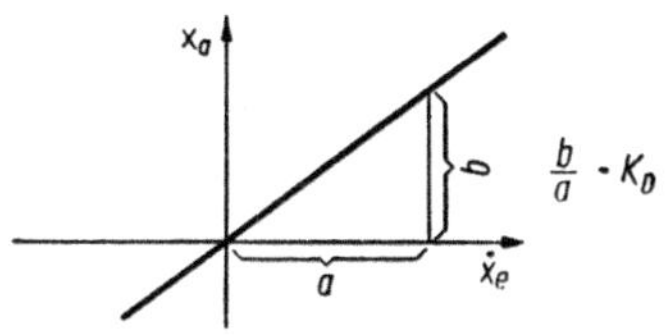

$$F(p) = \frac{K\,Tp}{1 + Tp}$$

$$h(t) = K\,e^{-t/T}$$

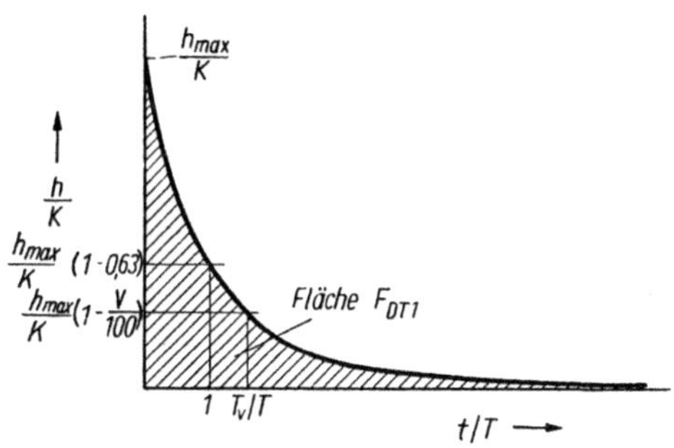

—	$T\,\dot{x}_a + x_a = K\,T\,\dot{x}_e$

$$\textit{Fläche } D - T1 = \int_0^\infty h(t)\,\mathrm{d}t = KT$$

$h(0^+) = K, \qquad h(\infty) = 0$

$\dot{h}(0^+) = -K/T, \qquad \dot{h}(\infty) = 0$

$h(T) = 0{,}37\ K$

$h(T_v) = (100 - v)\ K/100$

$T_v/T = 4{,}61 - \ln\ (100 - v)$

$T_{63}/T = 1$

$(T_v - T_{10})/T = 4{,}50 - \ln\ (100 - v)$

$(T_{67} - T_{10})/T = 1$

Tafel 11. Zusammenhang zwischen Zeitprozentkennwerten und der Zeitkonstanten

v	1	5	10	20	30	40	50	60	70	80	90	95	99
T_v/T	0,02	0,06	0,11	0,23	0,36	0,52	0,70	0,92	1,21	1,61	2,31	3,00	4,61
T_v/T_{10}	0,18	0,55	1,00	2,09	3,27	4,73	6,36	8,36	11,00	14,7	21,0	27,3	41,9
T_v/T_{50}	0,03	0,09	0,16	0,33	0,51	0,74	1,00	1,31	1,72	2,30	3,30	4,29	6,59

2.2.2.	**D-Glied mit aperiodischer Verzögerung 2. Ordnung**	**D — T2**

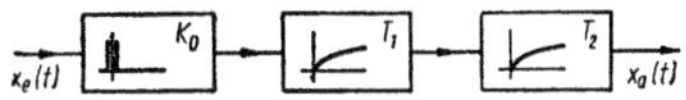

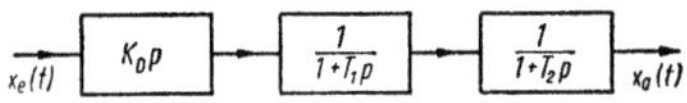

$K_D \neq 0$

$K_D = KT$

$T_1 = T > 0$

$T_2 = b\,T \qquad b > 0$

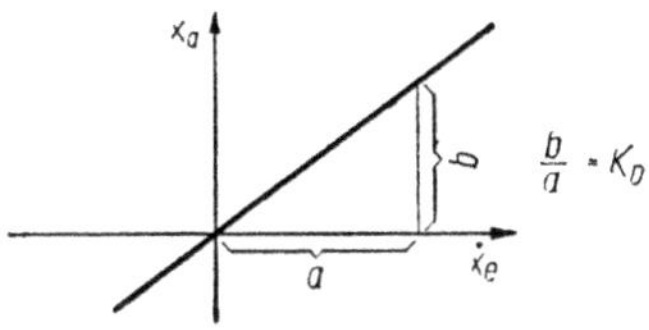

$$F(p) = \frac{K\,T\,p}{(1 + Tp)\,(1 + Tbp)}$$

$$h(t) = \frac{K}{1 - b}\,(e^{-t/T} - e^{-t/bT}) \qquad b \neq 1$$

$$h(t) = K\left(\frac{t}{T}\right) e^{-t/T} \qquad b = 1$$

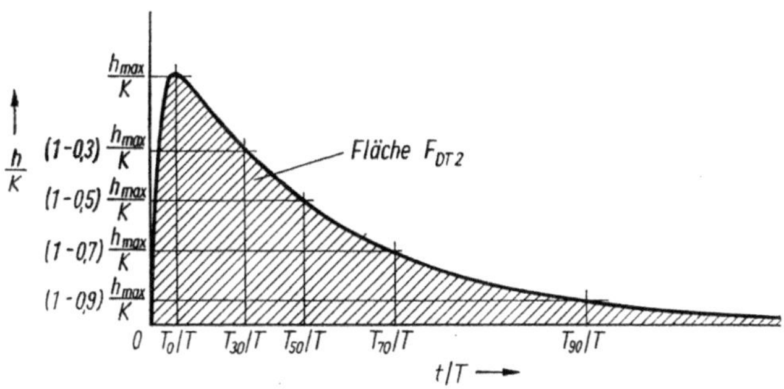

$$g(t) = \frac{K}{T\,(1 - b)}\left(\frac{e^{-t/bT}}{b} - e^{-t/T}\right) \quad b \neq 1$$

$$g(t) = \frac{K\,e^{-t/T}}{T}\left(1 - \frac{t}{T}\right) \qquad b = 1$$

$$bT^2\ddot{x}_a + (b + 1)\,T\dot{x}_a + x_a = KT\dot{x}_e$$

$$\textit{Fläche } D - T2 = \int_0^\infty h(t)\,\mathrm{d}t = KT$$

$$h(0^+) = 0 \qquad h(\infty) = 0$$

$$\dot{h}(0^+) = K/Tb, \qquad \dot{h}(\infty) = 0$$

$$T_0/T = \frac{b}{b-1} \ln b$$

$$h(T_0)/K = b^{b/(1-b)}$$

$$T_W = 2\,T_0$$

$$h(T_W)/K = (1 + b)\, b^{2b/(1-b)}$$

$$h(T_v) = (100 - v)\, h(T_0)/100$$

$$T_v \geqq T_0$$

Tafel 12. Grenzwerte für die empirischen Kennwerte

Kennwerte	Wert für $b \to 0$	Wert für $b \to 1$
T_0/T	0,00	1,00
T_{90}/T	0,36	2,10
T_{50}/T	0,69	2,68
T_{70}/T	1,20	3,44
T_{90}/T	2,31	4,89
T_{95}/T	3,00	5,74
T_{30}/T_0	∞	2,10
T_{50}/T_0	∞	2,68
T_{90}/T_0	∞	4,89
$h(T_0)/K$	1,00	0,37

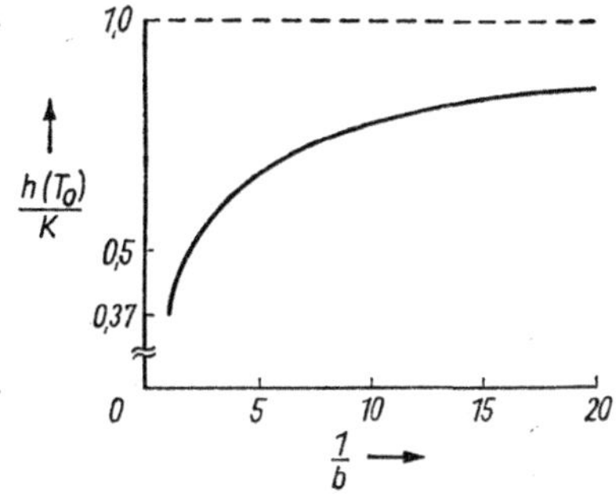

Bild 13b. Zusammenhang zwischen maximalem Überschwingen und Zeitkonstantenverhältnis

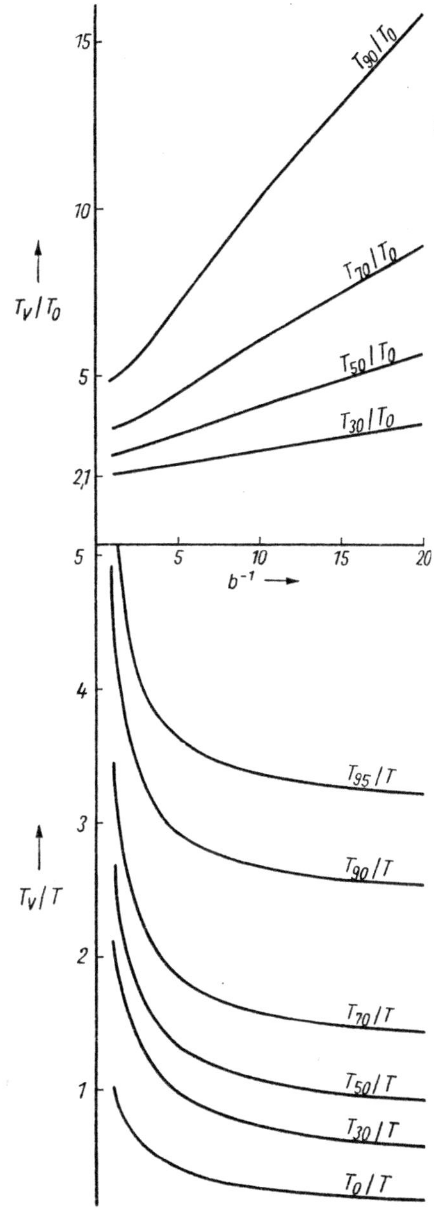

Bild 13a. *Zusammenhang zwischen Zeitprozentkennwerten und Zeitkonstanten*

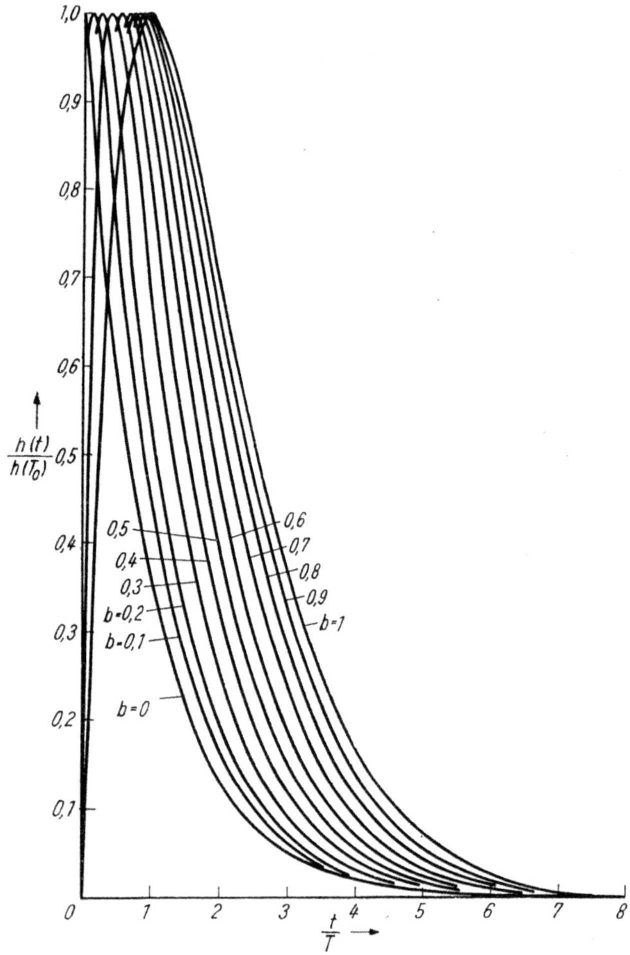

Bild 13c. Bezogene Übergangsfunktion $h(t)/h(T_0)$ als Funktion von t/T in Abhängigkeit vom Zeitkonstantenverhältnis b

2.2.3.	**D-Glied mit periodischer Verzögerung 2. Ordnung**	**D — T*2**

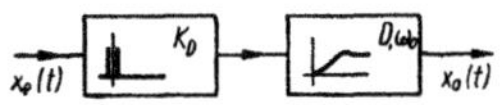

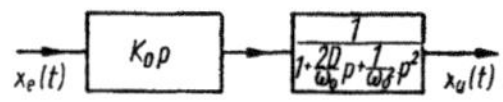

$K_D \neq 0$

$K_D = K \dfrac{1}{\omega_0}$

$\dfrac{1}{T} = \omega_0 > 0$

$0 < D < 1$

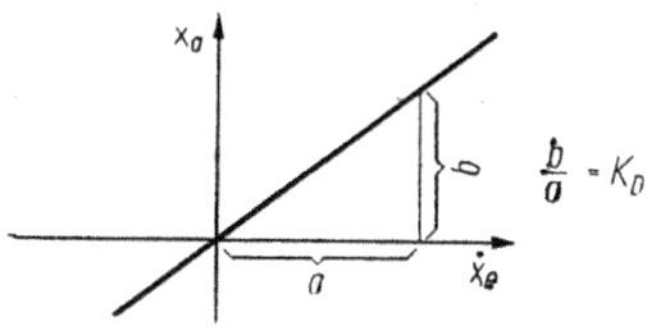

$$F(p) = \frac{KTp}{T^2p^2 + 2\,DTp + 1}$$

$$h(t) = \frac{K\,e^{-Dt/T}}{\sqrt{1 - D^2}} \sin\left(\sqrt{1 - D^2}\; t/T\right)$$

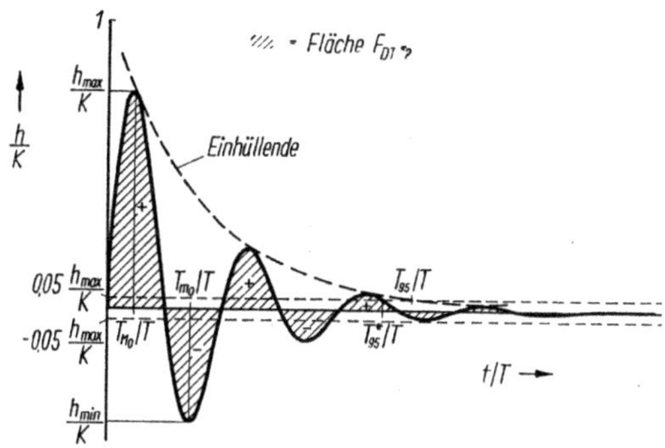

$$g(t) = \frac{K\,e^{-Dt/T}}{T\sqrt{1 - D^2}} \sin\left(-\sqrt{1 - D^2}\; t/T + \varphi\right)$$

$\varphi = \text{arc}\cos D, \quad 0 < \varphi < \pi/2$

$$T^2\ddot{x}_a + 2\,DT\dot{x}_a + x_a = KT\dot{x}_e$$

$$\textit{Fläche } D - T^*2 = \int_0^\infty h(t)\,\mathrm{d}t = KT$$

$$h(0^+) = 0, \qquad h(\infty) = 0$$

$$\dot{h}(0^+) = K/T, \qquad \dot{h}(\infty) = 0$$

$$\dot{h}(T_{\mathrm{M}_l}) = 0, \qquad \ddot{h}(T_{\mathrm{M}_l}) < 0 \qquad (l = 0, 1, 2, \ldots)$$

$$\dot{h}(T_{\mathrm{m}_l}) = 0, \qquad \ddot{h}(T_{\mathrm{m}_l}) > 0 \qquad (l = 0, 1, 2, \ldots)$$

$$T_{\mathrm{M}_0}/T = \frac{1}{\sqrt{1-D^2}} \arctan \frac{\sqrt{1-D^2}}{D} \text{ mit } 0 \leqq \arctan \frac{\sqrt{1-D^2}}{D} \leqq \frac{\pi}{2}$$

$$T_{\mathrm{M}_l}/T = T_{\mathrm{M}_0}/T + \frac{2\,l\,\pi}{\sqrt{1-D^2}}$$

$$T_{\mathrm{m}_l}/T = T_{\mathrm{M}_0}/T + \frac{(2\,l + 1)\,\pi}{\sqrt{1-D^2}}$$

$$h_{\max} = h\,(T_{\mathrm{M}_0}) = K \exp\left(-\frac{D}{\sqrt{1-D^2}} \arctan \frac{\sqrt{1-D^2}}{D}\right)$$

$$h_{\min} = h\,(T_{\mathrm{m}_0}) = -K \exp\left(-\frac{D}{\sqrt{1-D^2}}\left(\pi + \arctan \frac{\sqrt{1-D^2}}{D}\right)\right)$$

$$\frac{K}{\sqrt{1-D^2}}\, \mathrm{e}^{-DT_{95}/T} = 0{,}05\, h_{\max} \qquad (T_{95}^* \leqq T_{95})$$

$$T_{95}/T \approx T_{\mathrm{M}_0}/T + \frac{1}{D}\left(3 + \ln \frac{1}{\sqrt{1-D^2}}\right)$$

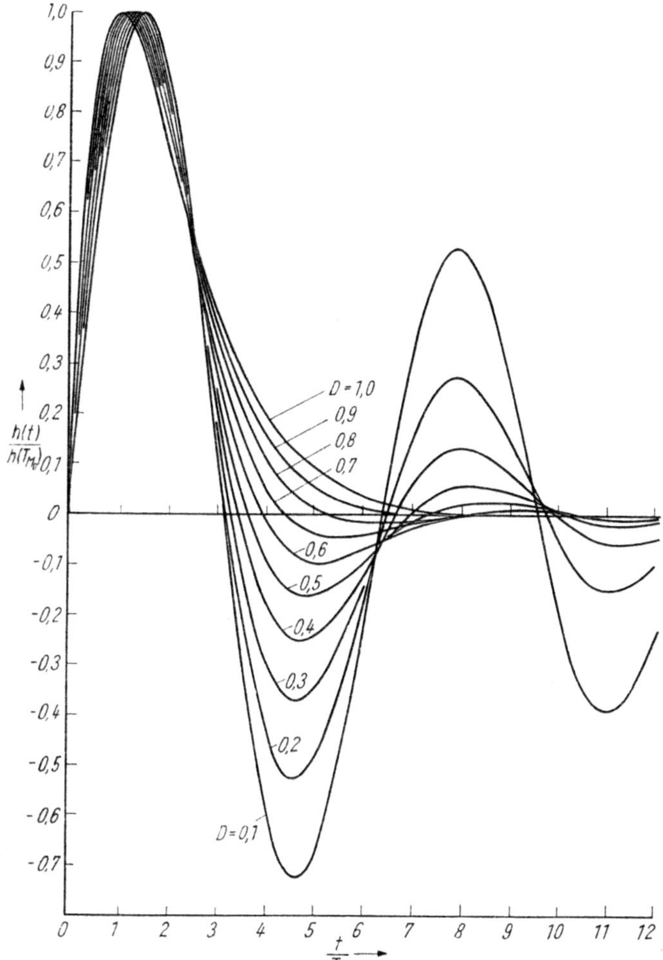

Bild 14a. Bezogene Übergangsfunktion $h(t)/h(T_{M_0})$ als Funktion von t/T in Abhängigkeit von der Dämpfungskonstanten D

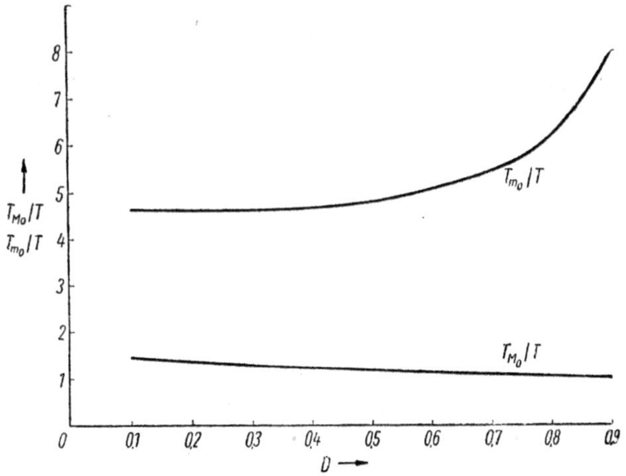

Bild 14b. *Bezogene Zeitpunkte des ersten Maximums und Minimums der Übergangsfunktion als Funktion der Dämpfung D*

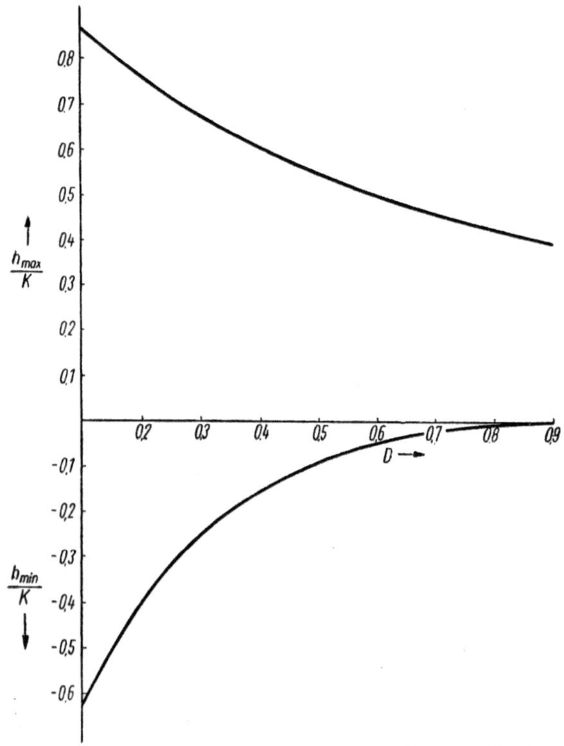

Bild 14c. Bezogenes erstes Maximum und erstes Minimum der Übergangsfunktion als Funktion der Dämpfung D

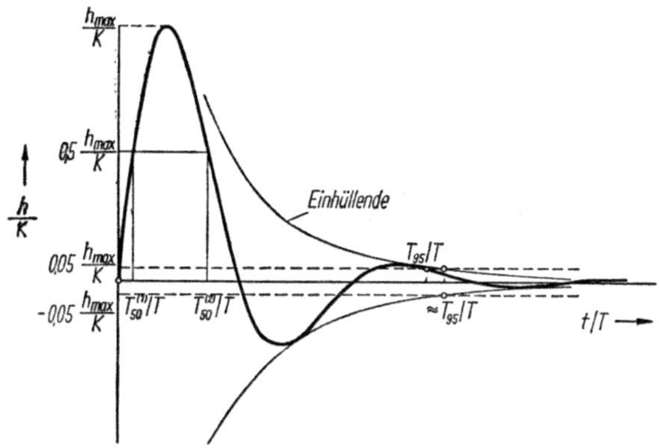

Bild 14d. Einschwingverhalten der bezogenen Übergangsfunktion mit Zeitprozentkennwerten und Hüllkurve

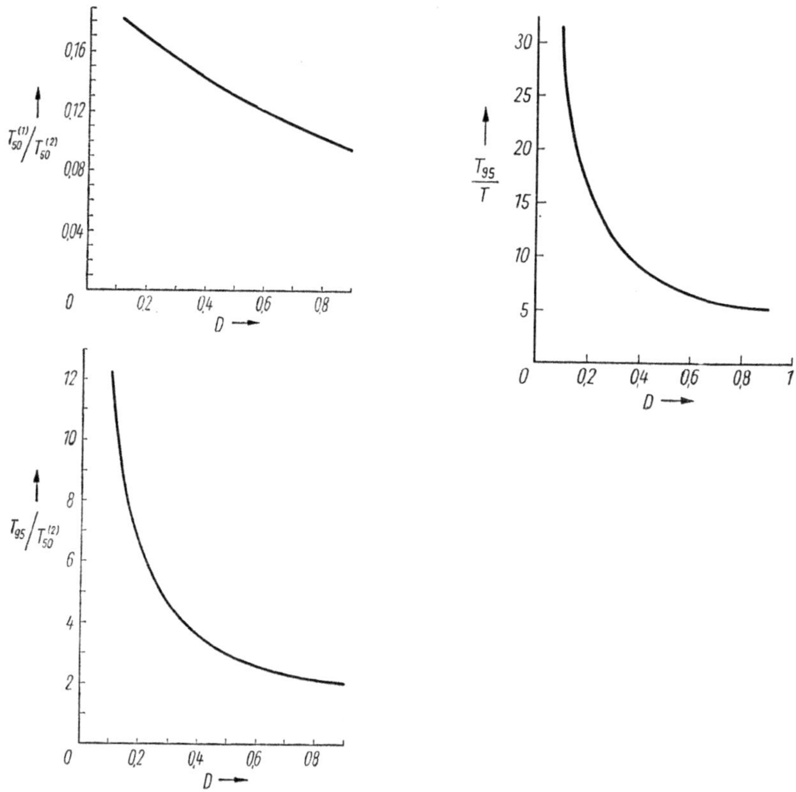

Bild 14e. Zeitprozentkennwerte und Zeitprozentkennwertquotienten als Funktion der Dämpfungskonstante

2.3. I-Glieder

2.3.1.	I-Glied mit aperiodischer Verzögerung 2. Ordnung	I — T2

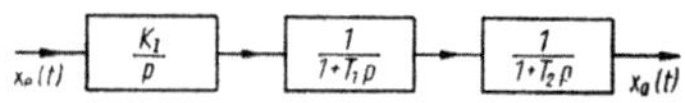

$K_I \neq 0$

$K_I = K/T$

$T_1 = T > 0$

$T_2 = bT \qquad b > 0$

$b \neq 1$

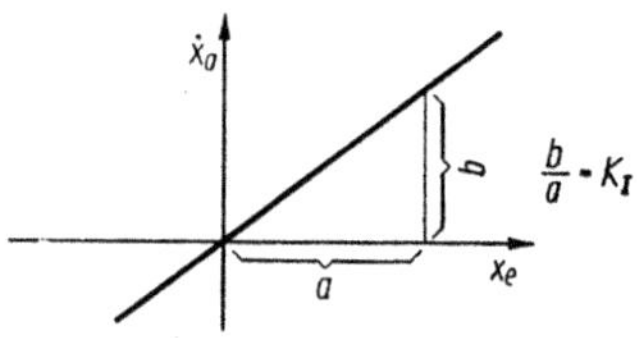

$$F(p) = \frac{K}{Tp\,(1 + Tp)\,(1 + Tbp)}$$

$$h(t) = K\left(\frac{t}{T} - (1 + b) + \frac{e^{-t/T}}{1 - b} - \frac{b^2 e^{-t/bT}}{1 - b}\right) \qquad b \neq 1$$

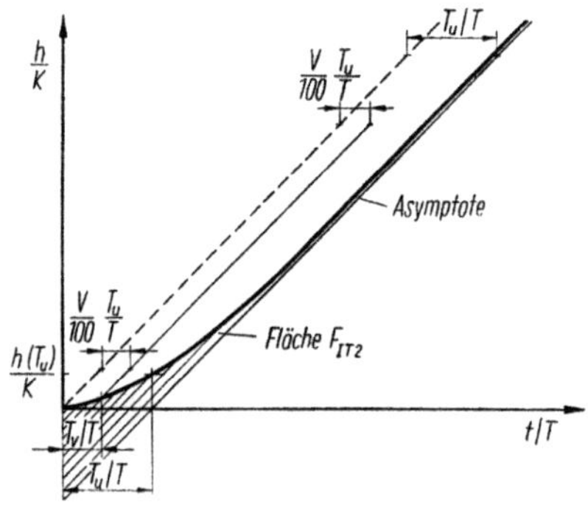

$$g(t) = \frac{K}{T}\left(1 - \frac{e^{-t/T}}{1 - b} + \frac{b\,e^{-t/bT}}{1 - b}\right) \qquad b \neq 1$$

$$T^2 b\ddot{x}_a + T\,(1 + b)\,\dot{x}_a + x_a = \frac{K}{T}\int_0^t x_e(\tau)\,d\tau$$

$$\textit{Fläche } I - T2 = \int_0^\infty \left(h(t) - K\left(\frac{t}{T} - (1+b)\right)\right) \mathrm{d}t = KT\,(1+b^2)/2$$

$h(0^+) = 0,\qquad h(\infty) = \infty$

$\dot{h}(0) = 0,\qquad \dot{h}(\infty) = K/T$

$T_\mathrm{u}/T = 1 + b$

$$h(T_\mathrm{u})/K = \frac{1}{1-b}\left(\mathrm{e}^{-(1+b)} - b^2\,\mathrm{e}^{-(1+1/b)}\right)$$

$$Th(T_\mathrm{u})/(KT_\mathrm{u}) = \frac{1}{1-b^2}\left(\mathrm{e}^{-(1+b)} - b^2\,\mathrm{e}^{-(1+1/b)}\right)$$

$h(T_v)/K = T_v/T - (1+\mathrm{b})\, v/100$

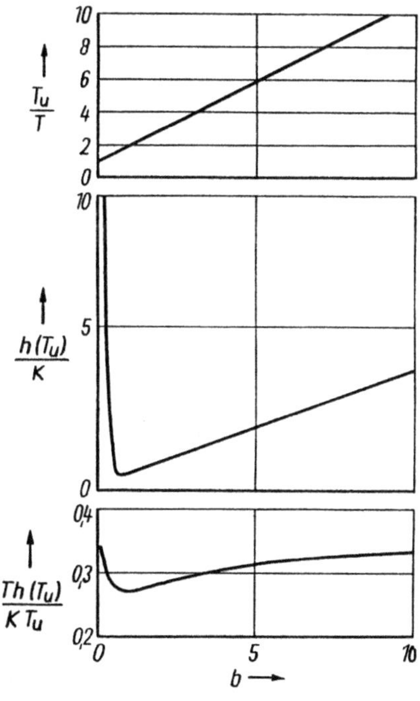

Bild 15a. Zusammenhang zwischen Verzugszeit T_u, $h(T_\mathrm{u})$ und den Zeitkonstanten

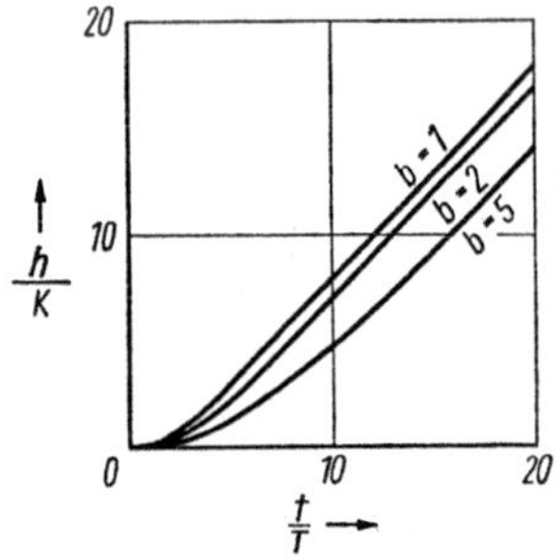

Bild 15c. Bezogene Übergangsfunktion h(t)T/K als Funktion von t/T in Abhängigkeit vom Zeitkonstantenverhältnis b

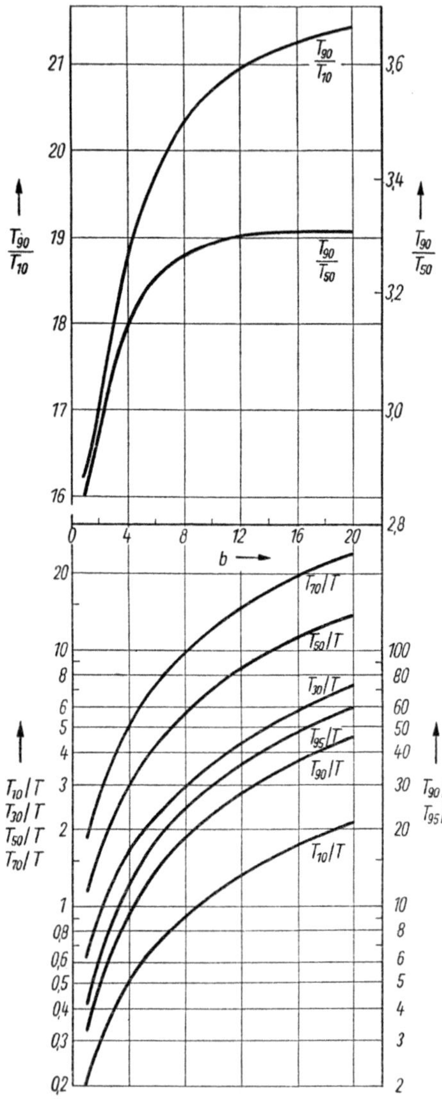

Bild 15b. Zusammenhang zwischen Zeitprozentkennwerten und Zeitkonstanten

Tafel 13. Grenzwerte für die empirischen Kennwerte

Kennwerte	Wert für $b \to 0$	Wert für $b \to 1$
T_u/T	1	2
$\frac{T\,h(T_u)}{K T_u}$	0,368	0,271
$\frac{h(T_u)}{K}$	0,368	0,542
T_{10}/T	0,11	0,20
T_{50}/T	0,69	1,15
T_{90}/T	2,30	3,27
T_{95}/T	3,00	4,11
T_{90}/T_{10}	21,9	16,3
T_{90}/T_{50}	3,32	2,85

2.3.2. I-Glied mit aperiodischer Verzögerung n-ter Ordnung und n gleichen Zeitkonstanten — I — T$\overline{\text{n}}$

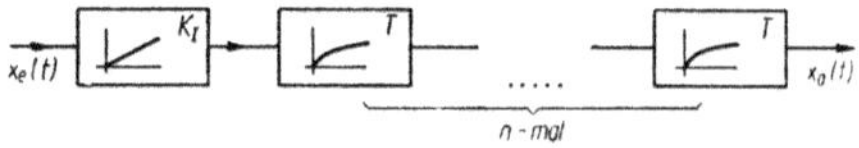

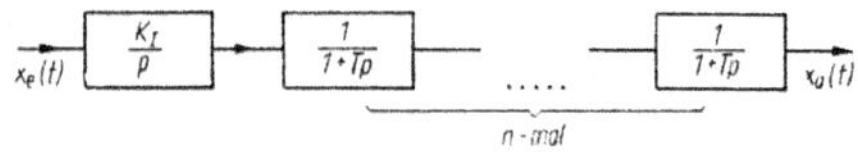

$K_I \neq 0$

$K_I = K/T$

$T > 0$

$1 \leqq n \leqq 10$

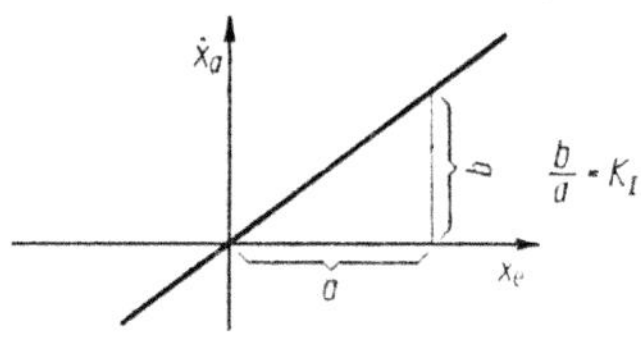

$$F(p) = \frac{K}{Tp\,(1 + Tp)^n}$$

$$h(t) = K\left(\frac{t}{T} - n + e^{-t/T}\sum_{r=0}^{n-1}\frac{n-r}{r!}\left(\frac{t}{T}\right)^r\right)$$

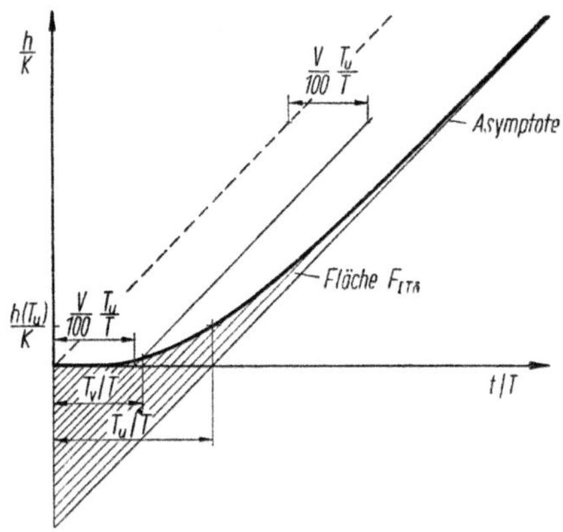

$$g(t) = \frac{K}{T}\left(1 - e^{-t/T}\sum_{r=0}^{n-1}\frac{(t/T)^r}{r!}\right)$$

$$T^n\frac{d^n x_a}{dt^n} + \binom{n}{1}T^{n-1}\frac{d^{n-1}x_a}{dt^{n-1}} + \dots + \binom{n}{n-1}T\frac{dx_a}{dt} + x_a = \frac{K}{T}\int_0^t x_e(\tau)\,d\tau$$

$$\textit{Fläche } I - T\bar{\bar{n}} = \int_0^\infty \left(h(t) - K\left(\frac{t}{T}\right) - n \right) \mathrm{d}t = KnT/2$$

$$h(0^+) = 0, \qquad h(\infty) = \infty$$

$$\dot{h}(0^+) = 0, \qquad \dot{h}(\infty) = K/T$$

$$T_u/T = n$$

$$h(T_u)/K = e^{-n} \sum_{r=0}^{n-1} \frac{n-r}{r!} n^r$$

$$\frac{Th(T_u)}{KT_u} = \frac{e^{-n}}{n} \sum_{r=0}^{n-1} \frac{n-r}{r!} n^r$$

$$h(T_v)/K = T_v/T - n\ v/100$$

Tafel 14a. Zusammenhang zwischen den empirischen Kennwerten T_u, $h(T_u)$ und den theoretischen Kennwerten

n	T_u/T	$\frac{T\ h(T_u)}{K\ T_u}$	$\frac{h(T_u)}{K}$
1	1	0,37	0,37
2	2	0,27	0,54
3	3	0,22	0,67
4	4	0,20	0,78
5	5	0,18	0,88
6	6	0,16	0,97
7	7	0,15	1,04
8	8	0,14	1,12
9	9	0,13	1,19
10	10	0,13	1,25

2.3.2.	**I-Glied mit aperiodischer Verzögerung n-ter Ordnung und n gleichen Zeitkonstanten**	**I — T^n**

Tafel 14b. Zusammenhang zwischen Zeitprozentkennwerten und der Ordnung sowie der Zeitkonstanten

n	T_{10}/T	T_{30}/T	T_{50}/T	T_{70}/T	T_{90}/T	T_{95}/T	T_{90}/T_{10}	T_{90}/T_{50}	n
1	0,11	0,36	0,69	1,20	2,30	3,00	21,85	3,32	1
2	0,20	0,63	1,15	1,86	3,27	4,11	16,26	2,85	2
3	0,30	0,92	1,61	2,52	4,22	5,19	14,04	2,61	3
4	0,40	1,21	2,09	3,19	5,14	6,23	12,86	2,46	4
5	0,50	1,51	2,57	3,86	6,06	7,26	12,13	2,36	5
6	0,60	1,80	3,06	4,53	6,98	8,28	11,63	2,28	6
7	0,70	2,10	3,54	5,21	7,89	9,29	11,27	2,23	7
8	0,80	2,40	4,04	5,89	8,79	10,29	10,98	2,17	8
9	0,90	2,70	4,53	6,57	9,70	11,29	10,77	2,14	9
10	1,00	3,00	5,02	7,25	10,60	12,28	10,60	2,11	10

3. Dimensionierung linearer Regelkreise

In diesem Abschnitt wird die Kenntnis derjenigen Grundbegriffe als bekannt vorausgesetzt, die mit dem „Frequenzgang" zusammenhängen.

Die Dimensionierung linearer Regelkreise 2. Ordnung führt der Ingenieur in der Regel durch „Handrechnung" aus, da das Rechnen mit diesen Frequenzgängen noch recht einfach ist. Dabei werden aber sehr oft immer wiederkehrende Rechenoperationen ausgeführt, insbesondere bei der Umrechnung auf regelungstechnische Kennwerte. Im Abschn. 3.1. werden daher für den standardisierten Regelkreis nach Bild 16a im Fall von P-Regelstrecken alle wesentlichen Angaben zusammengestellt.

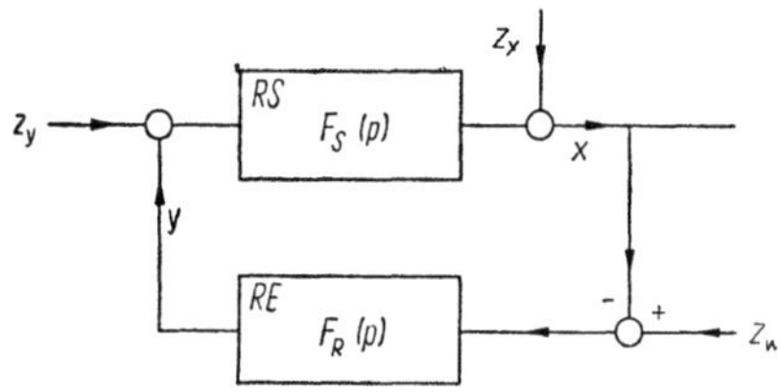

Bild 16a

Oft begnügte man sich in der Praxis mit solchen Vereinfachungen, die zu Systemen mit 2. Ordnung führen, um diese Ergebnisse ausnutzen zu können. Die Arbeiten von *Strejc* [11] [12] [6] und *Reinisch* [8] [6] geben dem Ingenieur für die Praxis eine bessere Grundlage. Beide Verfahren führen *ohne* ausführliche Rechnungen zur Bemessung von Regelkreisen und liefern naturgemäß mehr als die Faustformeln. Natürlich erfordern sie eine nähere Kenntnis der Parameter der Regelstrecke. Die Probleme der Kennwertermittlung, dargestellt in RA 20 (s. a. [1] [3] [5] [6] [7] [10] [12] [13] [14]), müssen daher gelöst werden. Die im Abschn. 2. angegebenen Kurven und Tafeln können auch für diese Glieder zur Kennwertermittlung verwendet werden. Bezüglich der Kennwertermittlung aus der Ortskurve des Frequenzganges bzw. den Amplituden und Phasengängen muß der interessierte Leser auf die Spezialliteratur der Regelungstechnik verwiesen werden [13].

Bei Anwendung der Angaben des Abschn. 3. beachte man die Voraussetzung: Alle Glieder des Regelkreises sollen linear sein. Abweichungen von dieser Voraussetzung können in der Praxis auch erhebliche Abweichungen von der Vorhersage zur Folge haben, die *nicht* zu Lasten der exakt begründeten Theorie gehen.

3.1. Dimensionierung von Regelkreisen mit Verzögerung 2. Ordnung

3.1.1. *Regelkreis*

Der geschlossene Regelkreis werde entsprechend Bild 16a als Glied mit der Eingangsgröße z_w bzw. z_y bzw. z_w und der Ausgangsgröße x betrachtet. Der Einfluß der Störgröße wird durch die entsprechenden Frequenzgänge beschrieben (Bild 16b). Dabei gilt:

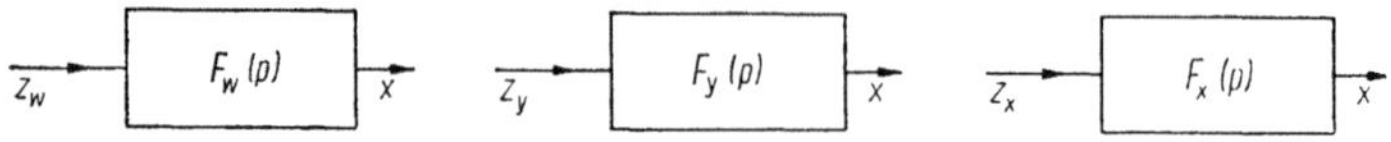

Bild 16b

F_S Frequenzgang der Regelstrecke,

F_R Frequenzgang der Regeleinrichtung,

F Frequenzgang des aufgeschnittenen Regelkreises,

F_{z_x} Frequenzgang des geschlossenen Regelkreises bezüglich z_x,

F_{z_y} Frequenzgang des geschlossenen Regelkreises bezüglich z_y,

F_{z_w} Frequenzgang des geschlossenen Regelkreises bezüglich z_w,

$$F_{z_x} = \frac{1}{1+F},$$

$$F_{z_y} = \frac{F_S}{1+F},$$

$$F_{z_w} = \frac{F}{1+F}.$$

3.1.2. *Ermittlung der Kennwerte des Frequenzganges des Regelkreises*

Für Regelkreise, deren Frequenzgänge F_{z_x}, F_{z_y}, F_{z_w} in ihrem Verzögerungsverhalten durch T2- bzw. T*2-Glieder beschrieben werden, gibt Tafel 15 (s. Beilage) die Kennwerte der Frequenzgänge (ohne Indizes) für die P-, D- bzw. D^2- sowie T2- bzw. T*2-Anteile in Abhängigkeit von den Parametern von P-Regelstrecke (Index S) und Regeleinrichtung (Index R) an.

3.1.3. *Sonderfälle Verzögerung 1. Ordnung*

Die Sonderfälle, in denen die Verzögerungen durch T1-Glieder beschrieben werden, sind in den Formeln der Tafel 15 enthalten. Dafür sind die notwendigen Grenzübergänge bzw. Kürzungen in den Frequenzgängen noch vorzunehmen. (Diese einfachen Fälle lassen sich aber so schnell unmittelbar ausrechnen, daß man auf die Tabelle verzichten kann.)
Beachte: F_{z_x}, F_{z_y}, F_{z_w} haben in Tafel 15 (s. Beilage) verschiedene P-, D-, D^2-Anteile, aber stets denselben Verzögerungsanteil.

Tafel 15. Koeffizienten der Frequenzgänge für Regelkreise zweiter Ordnung in Abhängigkeit von den

RS	RE	Regelkreis (Ausgang Regelgröße)					
		Eingang z_w		Eingang z_y		Eingang	
		P	D	P	D	P	D
PT1	I	1	—	—	$\frac{1}{K_{\mathrm{I,R}}}$	—	$\frac{1}{K_{\mathrm{S}} K_{\mathrm{I},}}$
PT1	PT1	$\frac{K_{\mathrm{S}} K_{\mathrm{R}}}{1 + K_{\mathrm{S}} K_{\mathrm{R}}}$	—	$\frac{K_{\mathrm{S}}}{1 + K_{\mathrm{S}} K_{\mathrm{R}}}$	$\frac{K_{\mathrm{S}} T_{\mathrm{R}}}{1 + K_{\mathrm{S}} K_{\mathrm{R}}}$	$\frac{1}{1 + K_{\mathrm{S}} K_{\mathrm{R}}}$	$\frac{T_{\mathrm{S}} +}{1 + K_{\mathrm{S}}}$
PT1	PI	1	—	—	$\frac{T_{\mathrm{I,R}}}{K_{\mathrm{R}}}$	—	$\frac{T_{\mathrm{I,R}}}{K_{\mathrm{S}} K}$
PT2	PD	$\frac{K_{\mathrm{S}} K_{\mathrm{R}}}{1 + K_{\mathrm{S}} K_{\mathrm{R}}}$	$\frac{K_{\mathrm{S}} K_{\mathrm{R}} T_{\mathrm{D,R}}}{1 + K_{\mathrm{S}} K_{\mathrm{R}}}$	$\frac{K_{\mathrm{S}}}{1 + K_{\mathrm{S}} K_{\mathrm{R}}}$	—	$\frac{1}{1 + K_{\mathrm{S}} K_{\mathrm{R}}}$	$\frac{T_{\mathrm{S}} (1 +}{1 + K_{\mathrm{S}}}$

	Verzögerung		
	$T^{*}2$		
	$T = \omega_0^{-1}$	D	T
	$4\,K_S K_{I,R} T_S > 1$		
R	$\sqrt{\frac{T_S}{K_S K_{I,R}}}$	$\frac{1}{2\sqrt{K_S K_{I,R} T_S}}$	$\frac{2\,T_S}{1-q}$ q
	$(T_S - T_R)^2 < 4\,T_S T_R K_S K_R$		$(T_S$
R K_R	$\sqrt{\frac{T_S T_R}{1 + K_S K_R}}$	$\frac{\sqrt{\frac{T_S}{T_R}} + \sqrt{\frac{T_R}{T_S}}}{2\sqrt{1 + K_S K_R}}$	$\frac{2\,T_S T_R}{T_S + T_R - \ldots}$ $q = \sqrt{(\ldots}$
	$(1 + K_S K_R)^2 < 4\,K_S K_R T_S / T_{I,R}$		$(1 + \ldots$
R R	$\sqrt{\frac{T_S T_{I,R}}{K_S K_R}}$	$\frac{1 + K_S K_R}{2}\sqrt{\frac{T_{I,R}}{K_S K_R T_S}}$	$\frac{2\,T_S}{1 + K_S K_R - \ldots}$ $q = \sqrt{(1 + \ldots}$
	$(1 + b_S + K_S K_R T_{D,R}/T_S)^2 < 4\,b_S\,(1 + K_S K_R)$		$(1 + b_S + K_S \ldots$
K_R	$\frac{T_S\sqrt{b_S}}{\sqrt{1 + K_S K_R}}$	$\frac{\frac{1}{\sqrt{b_S}} + \sqrt{b_S} + K_S K_R T_{D,R}/\left(T_S\sqrt{b_S}\right)}{2\sqrt{1 + K_S K_R}}$	$\frac{2\,T_S b_S}{1 + b_S + K_S K_R T_{D,\ldots}}$ $q = \sqrt{(1 + b_S + \ldots}$

T 2	b
$4\,K_S K_{I,R} T_S \leqq 1$	$\dfrac{1-q}{1+q}$
mit $= \sqrt{1 - 4\,K_S K_{I,R} T_S}$	
$T_R)^2 \geqq 4\,T_S T_R K_S K_R$	$\dfrac{T_S + T_R - q}{T_S + T_R + q}$
mit $\overline{{}_S - T_R)^2 - 4\,T_S T_R K_S K_R}$	
${}_S K_R)^2 \geqq 4\,K_S K_R T_S/T_{I,R}$	$\dfrac{1 + K_S K_R - q}{1 + K_S K_R + q}$
mit $\overline{K_S K_R)^2 - 4\,K_S K_R T_S/T_{I,R})}$	
${}_R T_{D,R}/T_S)^2 \geqq 4\,b_S\,(1 + K_S K_R)$	
$\overline{} T_S - q$	$\dfrac{1 + b_S + K_S K_R T_{D,R}/T_S - q}{1 + b_S + K_S K_R T_{D,R}/T_S + q}$
mit $\overline{K_S K_R T_{D,R}/T_S)^2 - 4\,b_S(1 + K_S K_R)}$	

Normierte Frequenzgänge:

PD-T1-Regeleinrichtungen $F_R = \frac{K_R (1 + T_{DR} p)}{1 + T_R p}$,

PI-Regeleinrichtungen $F_R = K_R \left(1 + \frac{1}{T_I p_R}\right)$.

Frequenzgänge für P-, I- und D-Glieder entsprechend Abschn. 2. und 4.

3.1.4. *Ermittlung der Übergangsfunktion*

Unter Verwendung der Tafel 15 sowie der Angaben im Abschn. 2. und 4. läßt sich bei Beachtung der Regel

$$(K + KTp + KT^2p^2)\, V(p) = KV(p) + KTpV(p) + KT^2p^2V(p),$$

wobei $V(p)$ der Frequenzgang des Verzögerungsanteils ist, die Übergangsfunktion des Einschwingvorganges formelmäßig angeben. Das Einschwingverhalten für den P- und den D-Anteil kann durch seine wesentlichen Kenngrößen sogar numerisch verfolgt werden. Für Einschwingverhalten mit P-Verhalten oder D-Verhalten kann die Ausregelzeit und das maximale Überschwingen nach Abschn. 2.1. und 2.2. exakt ermittelt werden; für PD-Glieder läßt es sich abschätzen. Für letztere sind nähere Angaben auch [10] zu entnehmen (dort weitere Literatur).

3.1.5. *Formel für beliebigen Verlauf der Störgröße*

Soll statt der Sprungantwort die Antwort auf einen beliebigen Verlauf der Störgröße angegeben werden, so ist wie folgt vorzugehen: Man ermittle nach Abschn. 2. oder 4. die zum Frequenzgang zugehörige Gewichtsfunktion $g_{z_w}(t)$ bzw. $g_{z_y}(t)$ bzw. $g_{z_x}(t)$ und berechne das Integral

$$\int_0^t g_z\,(t - \tau)\, z(\tau)\, d\tau = x(t)\,.$$

Für z ist jeweils z_x, z_y oder z_w zu wählen.
Diese Formel gibt die Abhängigkeit von $x(t)$ von der Störgröße $z(t)$ wieder. Die Ausrechnung des Integrals ist in diesem Fall unerläßlich.

3.1.6. *Näherungsformeln*

Die Angaben können als Näherungen oder Abschätzungen verwendet werden, wenn in komplizierten Fällen durch Vereinfachung die Regelstrecke auf den angegebenen Typ gebracht wird, z. B. durch Auswahl einer dominierenden Zeitkonstanten und Zusammenfassung aller restlichen Zeitkonstanten zu einer Summenzeitkonstante bei P-Regelstrecken. In diesen Fällen bleibt der Fehler ohne Abschätzung. Es ist zu empfehlen, bevorzugt die Angaben in Abschn. 3.2. und 3.3. auszunutzen.

3.2. Dimensionierung von Regelkreisen nach Strejc

3.2.1. *Regelkreis*

Der Regelkreis habe eine Struktur entsprechend Bild 16a. Die Regelstrecke habe P-Verhalten und werde durch eine Totzeit T_t und n gleiche Zeitkonstanten T bzw. zwei verschiedene Zeitkonstanten T und bT beschrieben. Die Gleichung der Frequenzgänge laute

$$F_S = \frac{K_S e^{-T_t p}}{(1 + Tp)^n}$$

bzw.

$$F_S = \frac{K_S e^{-T_t p}}{(1 + Tp)(1 + Tbp)} .$$

Die Regeleinrichtung werde durch ein PID-Glied beschrieben mit dem Frequenzgang:

$$F_R = K_R + K_D p + \frac{K_I}{p} = K_R \left(1 + T_D p + \frac{1}{T_I p}\right) .$$

3.2.2. *Dimensionierung der Parameter der Regeleinrichtung*

Die Dimensionierung der Parameter der Regeleinrichtung erfolgt unter der Voraussetzung:

Es werden nur Impulsstörungen von z_w betrachtet.

Die Parameter des Reglers werden nach dem sog. praktischen Optimum (s. [6], S. 1150) ermittelt.
Regelkreise, die nach dieser Methode dimensioniert werden, liefern auch gute Regelergebnisse für andere Eintrittsstellen der Störgröße, z. B. für z_y-Störungen.
Die Einstellwerte für die Parameter der Regeleinrichtung ergeben sich im Fall $T_t = 0$ nach Tafel 16 und für $T_t \neq 0$ und $0 \leqq b \leqq 1$ bzw. $2 \leqq n \leqq 10$ $0 \leqq T_t/T \leqq 1{,}2$ nach Tafeln 17, s. [6].

3.2.3. *Ermittlung der Kennwerte der Regelstrecke*

Im allgemeinen ist die Totzeit der Regelstrecke eine Transportzeit und kann daher unmittelbar berechnet oder abgeschätzt werden. Ist T_t bekannt, so können unter Verwendung der Tafeln und Kurven Abschnitte 2.1.2. und 2.1.4. die Parameter der Regelstrecke aus der Übergangsfunktion ermittelt werden. Liegt $h(t)$ aufgenommen vor, so wählt man $t = T_t$ als neuen Bezugspunkt für die Zeitachse. Berechnet man damit T_u/T_a,

Tafel 16. Einstellwerte für PID-Regler nach Strejc für P-T2- und $PT_{\bar{\bar{n}}}$-Regelstrecken

Regel-einrichtung	Bezogene Einstellwerte	Regelstrecke PT2	Regelstrecke $PT_{\bar{\bar{n}}}$
P	$K_R K_S$	$\frac{b^2+1}{2b}$	$\frac{1}{n-1}$
I	$K_{I,R} K_S T_S$	$\frac{1}{2(1+b)}$	$\frac{1}{2n}$
PI	$K_R K_S$	$\frac{b^2+1}{2b}$	$\frac{n+2}{4(n-1)}$
	T_I/T_S	$\frac{b}{b^2+b+1}+1$	$\frac{n+2}{3}$
PID	$K_R K_S$	∞	$\frac{7n+16}{16(n-2)}$
	T_I/T_S	$1+b$	$\frac{7n+16}{15}$
	T_D/T_S	$\frac{b}{1+b}$	$\frac{(n+1)(n+3)}{7n+16}$

Tafel 17a. Einstellregeln für PID-Regler nach Strejc

P-T2-Tt-Strecke — PI-Regler

Parameter	T_t/T \ b	0	0,1	0,2	0,3	0,4	0,6	0,8	1
$K_S K_R$	0	∞	5,05	2,60	1,82	1,45	1,13	1,03	1
	0,1	5,01	2,53	1,74	1,37	1,16	0,97	0,90	0,9
	0,2	2,52	1,70	1,32	1,10	0,97	0,85	0,80	0,81
	0,4	1,28	1,05	0,90	0,81	0,75	0,69	0,67	0,68
	0,6	0,88	0,77	0,70	0,62	0,62	0,59	0,58	0,60
	0,8	0,69	0,62	0,58	0,55	0,53	0,52	0,52	0,54
	1,0	0,57	0,53	0,51	0,49	0,48	0,47	0,47	0,49
	1,2	0,50	0,47	0,46	0,44	0,44	0,43	0,44	0,46
T_I/T	0	1,00	1,00	1,01	1,02	1,04	1,11	1,21	1,33
	0,1	1,00	1,00	1,01	1,03	1,05	1,12	1,22	1,34
	0,2	1,00	1,01	1,02	1,03	1,05	1,13	1,23	1,36
	0,4	1,01	1,02	1,03	1,05	1,09	1,16	1,26	1,39
	0,6	1,02	1,03	1,05	1,07	1,10	1,19	1,29	1,42
	0,8	1,04	1,06	1,07	1,10	1,13	1,22	1,33	1,45
	1,0	1,07	1,08	1,11	1,14	1,17	1,26	1,36	1,49
	1,2	1,10	1,12	1,14	1,18	1,21	1,30	1,40	1,53

Tafel 17b

P-T2-Tt-Strecke		PID-Regler							
Parameter	T_t/T \ b	0	0,1	0,2	0,3	0,4	0,6	0,8	1
	0	∞	∞	∞	∞	∞	∞	∞	∞
	0,1	6,75	5,93	6,18	6,60	7,07	8,05	9,04	10,3
	0,2	4,00	3,26	3,26	3,42	3,62	4,08	4,57	5,06
$K_S K_R$	0,4	2,13	1,87	1,82	1,86	1,94	2,14	2,36	2,60
	0,6	1,51	1,38	1,34	1,35	1,39	1,51	1,65	1,80
	0,8	1,20	1,12	1,10	1,10	1,12	1,20	1,30	1,41
	1,0	1,02	0,97	0,95	0,95	0,97	1,02	1,10	1,18
	1,2	0,90	0,86	0,85	0,85	0,86	0,90	0,96	1,03
	0	1,00	1,10	1,20	1,30	1,40	1,60	1,80	2,00
	0,1	1,03	1,11	1,20	1,30	1,40	1,60	1,80	2,00
	0,2	1,07	1,13	1,21	1,31	1,41	1,60	1,80	2,00
T_I/T	0,4	1,13	1,18	1,26	1,34	1,43	1,62	1,82	2,01
	0,6	1,20	1,25	1,31	1,39	1,47	1,65	1,84	2,04
	0,8	1,27	1,32	1,38	1,44	1,52	1,70	1,88	2,07
	1,0	1,34	1,39	1,44	1,51	1,58	1,74	1,92	2,11
	1,2	1,42	1,46	1,51	1,57	1,64	1,80	1,98	2,16
	0	0,00	0,09	0,17	0,23	0,29	0,38	0,44	0,50
	0,1	0,03	0,10	0,17	0,23	0,29	0,38	0,45	0,50
	0,2	0,06	0,11	0,18	0,24	0,29	0,38	0,45	0,50
T_D/T	0,4	0,12	0,16	0,20	0,25	0,30	0,38	0,45	0,51
	0,6	0,17	0,20	0,24	0,28	0,32	0,40	0,46	0,51
	0,8	0,21	0,24	0,28	0,31	0,35	0,42	0,48	0,53
	1,0	0,26	0,28	0,31	0,34	0,37	0,44	0,49	0,54
	1,2	0,30	0,32	0,34	0,38	0,40	0,46	0,51	0,56

Tafel 17c

P-T$\bar{\bar{n}}$-Tt-Strecke		PI-Regler						
Parameter	T_t/T \ n	2	3	4	5	6	8	10
	0	1,00	0,63	0,50	0,44	0,40	0,36	0,33
	0,1	0,89	0,59	0,49	0,43	0,40	0,35	0,33
	0,2	0,81	0,57	0,47	0,42	0,39	0,35	0,33
$K_S K_R$	0,4	0,68	0,52	0,45	0,41	0,38	0,35	0,33
	0,6	0,60	0,49	0,43	0,40	0,37	0,34	0,32
	0,8	0,54	0,46	0,41	0,38	0,36	0,34	0,32
	1,0	0,49	0,43	0,40	0,37	0,36	0,33	0,32
	1,2	0,46	0,42	0,39	0,37	0,35	0,33	0,32
	0	1,33	1,67	2,00	2,33	2,67	3,33	4,00
	0,1	1,34	1,68	2,02	2,36	2,69	3,36	4,03
	0,2	1,36	1,70	2,04	2,38	2,71	3,39	4,06
T_I/T	0,4	1,38	1,74	2,09	2,42	2,76	4,43	4,11
	0,6	1,42	1,78	2,13	2,47	2,81	3,49	4,17
	0,8	1,46	1,82	2,17	2,52	2,87	3,54	4,22
	1,0	1,49	1,86	2,22	2,57	2,92	3,60	4,28
	1,2	1,53	1,91	2,27	2,62	2,97	3,65	4,34

Tafel 17d

P-T$\bar{n}$-Tt-Strecke		PID-Regler						
Parameter	n / T_t/T	2	3	4	5	6	8	10
$K_S K_R$	0		2,31	1,38	1,06	0,91	0,75	0,67
	0,1	10,03	2,01	1,29	1,02	0,88	0,74	0,67
	0,2	5,06	1,78	1,22	0,99	0,86	0,73	0,66
	0,4	2,60	1,47	1,11	0,93	0,83	0,71	0,65
	0,6	1,80	1,26	1,02	0,88	0,80	0,70	0,64
	0,8	1,41	1,12	0,94	0,84	0,77	0,68	0,63
	1,0	1,18	1,01	0,89	0,80	0,74	0,67	0,62
	1,2	1,03	0,93	0,84	0,77	0,72	0,66	0,62
T_I/T	0	2,00	2,47	2,93	3,40	3,87	4,81	5,74
	0,1	2,00	2,48	2,96	3,43	3,89	4,84	5,79
	0,2	2,00	2,50	2,98	3,45	3,93	4,87	5,80
	0,4	2,01	2,54	3,03	3,51	4,00	4,95	5,87
	0,6	2,04	2,58	3,09	3,56	4,06	5,01	5,94
	0,8	2,07	2,63	3,13	3,63	4,11	5,10	6,02
	1,0	2,11	2,68	3,20	3,70	4,18	5,15	6,12
	1,2	2,16	2,73	3,26	3,76	4,25	5,21	6,16
T_D/T	0	0,50	0,65	0,80	0,94	1,10	1,38	1,66
	0,1	0,50	0,65	0,80	0,95	1,10	1,39	1,68
	0,2	0,50	0,66	0,81	0,96	1,11	1,40	1,69
	0,4	0,51	0,67	0,83	0,98	1,13	1,42	1,71
	0,6	0,51	0,69	0,85	1,00	1,15	1,45	1,74
	0,8	0,53	0,70	0,87	1,02	1,17	1,47	1,76
	1,0	0,54	0,72	0,89	1,04	1,19	1,49	1,78
	1,2	0,56	0,74	0,91	1,07	1,22	1,52	1,81

T_{90}/T_{10} oder T_{50}/T_{10} (bzw. entsprechende Quotienten), so hängen diese nur von b (Abschn. 2.1.1.) bzw. nur von n ab (2.1.4.). Aus diesen Werten ist exakt bzw. näherungsweise b bzw. n zu ermitteln. Nun wird T aus T_u/T, T_a/T, T_{10}/T, T_{50}/T bzw. T_{90}/T ermittelt.

Wenn das Modell die Wirklichkeit richtig beschreibt, dann müssen die auf diese Weise mehrfach ermittelten Zeitkonstanten übereinstimmen. Ausführlichere Angaben zur Kennwertermittlung s. RA 10 (2. Auflage), RA 20 sowie [13].

3.3. Dimensionierung von Regelkreisen nach Reinisch

3.3.1. *Regelkreis*

Es wird ein Regelkreis entsprechend Bild 17a zugrunde gelegt. Störgrößen vom Typ z_w werden als sprungförmige und vom Typ z_x als aperiodische Störgrößen betrachtet, die dynamisch durch zwei Zeitkonstanten charakterisiert sind. Das entspricht einer sprungförmigen Störgröße, die über ein T2-Glied geführt wird.

Den Betrachtungen wird der Frequenzgang $F(p)$ des aufgeschnittenen Regelkreises zugrunde gelegt.

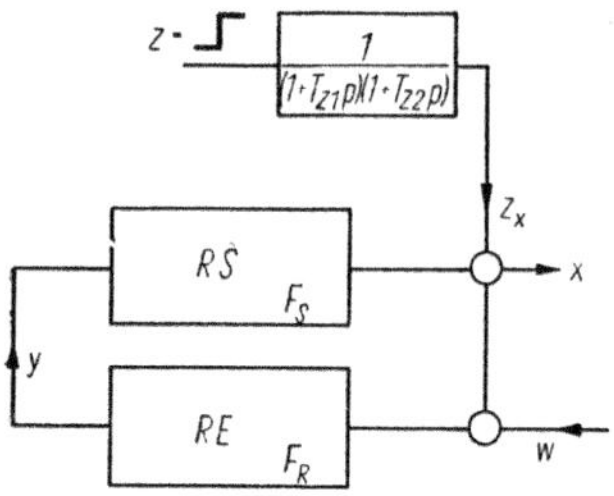

Bild 17a

3.3.2. *Einstellregeln für die Parameter der Regeleinrichtung*

Unter Verwendung von Aussagen der Theorie der linearen Regelkreise und Einführung zulässiger Vereinfachungen wurden die in Tafel 18 (s. Beilage) angegebenen Dimensionierungsformeln ermittelt. Dabei wurde ein Modellregelkreis verwendet; zur Kontrolle wurden auf Digitalrechnern Kontrollrechnungen ausgeführt. Die Ergebnisse sind also fundiert. Im einzelnen wird der Einschwingvorgang durch Kennwerte beschrieben, die besonders günstig für die Praxis sind, da sie unmittelbar „nachgemessen" werden können.

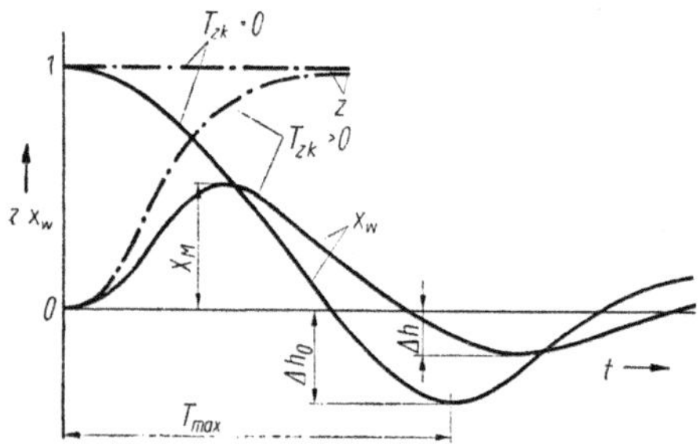

Bild 17b

Die Bezeichnung der regelungstechnischen Kennwerte der Regelstrecke, der Störung und der Regeleinrichtung sind aus Tafel 18 unmittelbar zu entnehmen.

Die Einstellwerte für die Kennwerte der Regeleinrichtung werden in der Tafel kurz dargestellt durch Verwendung von sieben weiteren Parametern, und zwar Δh_0; a_t, a, b, c, d, f. Die diesbezüglichen Angaben in der Tafel sind als Definitionsgleichungen anzusehen (bis auf Δh_0).

Tafel 18. Bemessung linearer Regeleinrichtungen an Rege… Überschwingweiten (nach K. Reinisch [8])

Regelstrecke:	F_S	**P-Regelstrecke**	
		$\frac{K_S (1 + p\,T_{D1}) \cdots (1 + \ldots}{(1 + p\,T_1)(1 + p\,T_2) \cdots \ldots}$	
		$T_1 \geqq T_2 \geqq T_3 \geqq \cdots \geqq T\ldots$	
mit Summenzeit-konstante	T_{ktj}	$T_{kt1} = \sum_1^n T_i - \sum_1^m T_{Di} + \ldots$	
	T_{kj}	$T_{k1} = \sum_1^n T_i - \sum_1^m T_{Di};$	
Störung: (am Regelstrecken-ausgang gemessen)	Z	$\frac{1}{p\,(1 + p\,T_{z1})\,(1 + p\,T_{z2} \ldots}$	
mit Summenzeit-konstante	T_{zk}	$T_{z1} + T_{z2}$	
Regeleinrichtung:	F_R	**P** K_R	**I** $\frac{K_I}{p}$
Einstellregeln: Überschwing-weite Δh_0 bei Sprungstörung	K_R	$\frac{T_1}{K_S\,a_t\,T_{kt2}}$	
	K_I		$\frac{1}{K_S\,a_t\,T_{kt1}}$
	T_D		

Δh_0 [%]	a_0
0	4
5	1,9
10	1,4
15	1,07

a_t … $\frac{a}{a + \left(\frac{2 + a_0}{\ldots} - a\right)(1 \ldots}$

und ohne Ausgleich einschließlich Totzeit für vorgegebene

	I-Regelstrecke
$-p\,T_t$	$\dfrac{K_{IS}\,(1+p\,T_{D1})\cdots(1+p\,T_{Dm})}{p\,(1+p\,T_1)\ldots(1+p\,T_n)}\,e^{-p\,T_t}$

$T_{D1} \geqq T_{D2} \geqq \cdots \geqq T_{Dm} \geqq 0;\ \infty > T_t \geqq 0$

$T_i - \sum_1^m T_{Di} + T_t;\ T_{kt3} = \sum_3^n T_i - \sum_1^m T_{Di} + T_t$

$\sum_1^m T_{Di};\qquad T_{k3} = \sum_3^n T_i - \sum_1^m T_{Di}$

PI	PID	P	PD
$\frac{K_I}{p}\,(1+p\,T_D)$	$\frac{K_I}{p}\,\frac{(1+pT_{D1})}{(1+pT_{D2})}$	K_R	$K_R(1+pT_D)$
		$\frac{1}{K_{IS}\,a_t\,T_{kt1}}$	$\frac{1}{K_{IS}\,a_t\,T_{kt2}}$
$\frac{1}{K_S\,a_t\,T_{kt2}}$	$\frac{1}{K_S\,a_t\,T_{kt3}}$		
T_1	$T_{D1} = T_1$ $T_{D2} = T_2$		T_1

: $a_0 \geqq 2\ (\varDelta h_0 < 4{,}5\%)$

$2 > a > 0{,}4$

20 0,83 30 0,51 40 0,31 50 0,18 60 0,107		$a + (0{,}8 + a_0 - a)\,(1 - \mathrm{e}$	
für $T_t = 0$ ist: $a_t = a$; $T_{ktj} = T_{kj}$	Parameter für die Einstellregeln a	$a_0 + [1 - \mathrm{e}^{-2{,}5\,(1{,}6 - a_0)}]\,[0$ a_0 für $a_0 \geqq 1{,}6$ $(\Delta h_0 \leqq 8\%$ hierbei ist $d_1 = d$ $(d_2 = 0)$	
	b	T_3/T_2	T_2/T_1
	c	T_4/T_2	T_3/T_1
	d	T_{D1}/T_2	T_{D1}/T_1
Gütewerte:	f	T_t/T_{k2}	T_t/T_{k1}
P-Abweichung	X_B	$\dfrac{a_t\,T_{kt2}}{T_1 + a_t\,T_{kt2}}$	0
Einschwingzeit	T_{max}	$\dfrac{\pi a_t\,T_{kt2}}{\sqrt{a_t - a_t^2/4}}$	$\dfrac{\pi\,a_t\,T_{kt1}}{\sqrt{a_t - a_t^2/4}}$
Beruhigungszeit auf 2%	$T_{2\%}$	$8\,T_{kt2}$	$8\,T_{kt1}$
Max. Regelabweichung für $0 \leqq u \leqq 2$	X_M	$\mathrm{e}^{-\alpha u}$	
Überschwingweite für $0 \leqq u \leqq 1{,}5$	Δh	$\Delta h_0\,\mathrm{e}^{-\alpha u}$	
Parameter für die Überschwingweite	α	$0{,}32 + 0{,}4\,\dfrac{\Delta h_0}{60\%}$	
	u	T_{zk}/T_{kt2}	T_{zk}/T_{kt1}

r $0{,}4 \leqq a_0$ ($\Delta h_0 > 35\%$)

$\left(1 - \frac{d_1}{b}\right) + 0{,}14\,(1 - e^{-5c})\left(1 - \frac{d_2}{c}\right)\Big]$ für $a_0 \leqq 1{,}6$ ($\Delta h_0 \geqq 8\%$)

r $b \geqq d \geqq 1{,}5\,c$; $d_2 = d$ ($d_1 = 0$) für $d < 1{,}5\,c$

T_3/T_2	T_4/T_3	T_2/T_1	T_3/T_2
T_4/T_2	T_5/T_3	T_3/T_1	T_4/T_2
T_{D1}/T_2	T_{D1}/T_3	T_{D1}/T_1	T_{D1}/T_2
T_t/T_{k2}	T_t/T_{k3}	T_t/T_{k1}	T_t/T_{k2}
0	0	0	0
$\frac{\pi\, a_t\, T_{kt2}}{\sqrt{a_t - a_t^2/4}}$	$\frac{\pi\, a_t\, T_{kt3}}{\sqrt{a_t - a_t^2/4}}$	$\frac{\pi\, a_t\, T_{kt1}}{\sqrt{a_t - a_t^2/4}}$	$\frac{\pi\, a_t\, T_{kt2}}{\sqrt{a_t - a_t^2/4}}$
$8\,T_{kt2}$	$8\,T_{kt3}$	$8\,T_{kt1}$	$8\,T_{kt2}$
T_{kz}/T_{kt2}	T_{zk}/T_{kt3}	T_{zk}/T_{kt1}	T_{zk}/T_{kt2}

Die Bedeutung der Begriffe

Überschwingweite bei Sprungverhalten Δh_0,

Überschwingweite Δh,

Einschwingzeit T_{max},

maximale Regelabweichung X_M

sind aus Bild 17b unmittelbar ersichtlich.
Die Beruhigungszeit $T_{2\%}$ bezieht sich auf das Abklingen der Hüllkurve (des Einschwingvorganges) auf 2%.

3.3.3. *Bemessungsverfahren für Eintritt determinierter aperiodischer Störungen an beliebiger Stelle des Regelkreises*

Unter Verwendung von Tafel 18 gehe man wie folgt vor:

a) Auslegung der vorliegenden Kette für eine gewählte Überschwingweite Δh_0 der Sprungübergangsfunktion. Kontrolle der dabei erhaltenen Einschwingzeit, Beruhigungszeit und P-Abweichung; gegebenenfalls Hinzunahme eines I- und (oder) D-Anteils im Regler und (oder) Korrektur von Δh_0.

b) Bestimmung der bei dem gewählten Δh_0 unter Beachtung der tatsächlich vorliegenden Störung auftretenden maximalen Regelabweichung X_M und Überschwingweite Δh. Gegebenenfalls Korrektur von Δh_0 und erneute Berechnung von X_M und Δh.

4. Tafeln Frequenzgang — Übergangsfunktion

1. Anordnungsmerkmal der Tafel ist das Verzögerungsverhalten und nicht der Grundtyp der Glieder. Aus diesem Grund wurde der Typ zusätzlich als rechte Spalte eingetragen. Die Buchstabensymbole wurden, soweit möglich, nach TGL 14591 gewählt und für spezielle Glieder ergänzt. Insbesondere bedeuten im Exponenten der Symbole:

   $\neq$ alle jeweils vorhandenen Zeitkonstanten sind ungleich,
   $=$ alle jeweils vorhandenen Zeitkonstanten sind gleich,
   $2 =$ von den vorhandenen Zeitkonstanten sind genau zwei gleich.

   Für den Fall, daß die Zeitkonstantenverhältnisse den Werten der harmonischen Folge entsprechen, wurde $1/n$ symbolisch in den Exponenten gesetzt.
   In allen Formeln wurden konsequent Zeitkennwerte und Übertragungsfaktoren eingeführt und nicht allgemeine Koeffizienten, wie dies oft bei den entsprechenden Tabellen zur Laplace-Transformation der Fall ist. Dadurch soll die immer wiederkehrende Umrechnungsarbeit auf ein Minimum reduziert werden.
2. Für D-Glieder und für I-Glieder wurde eine eindeutige Normierung der Übertragungsfaktoren K_{D^2}, K_D und K_I vorgenommen durch Bezugnahme auf die dominierende Zeitkonstante T des Verzögerungsteiles in der Form

$$K_{D^2} = T^2 K\,,$$
$$K_D = TK\,,$$
$$K_I = \frac{K}{T}\,.$$

   Der numerische Wert von K und die Dimension von K sind dadurch eindeutig festgelegt.
3. Bei Gliedern mit Verzögerung 1., 2. und 3. Ordnung wurden alle stabilen Fälle berücksichtigt, also auch diejenigen mit periodischem Anteil, während bei Verzögerungen höherer Ordnung nur die beiden wichtigsten Fälle berücksichtigt wurden.
4. Für gemischte Glieder vom Typ PID-T wurden keine weiteren Eintragungen vorgenommen, da die entsprechenden Formeln lediglich durch Addition und daher ohne Aufwand erhalten werden.

5. Die Tafeln können auch zur Ermittlung der Gewichtsfunktion $g(t)$ und der normierten Anstiegsantwort $a(t)$ nach folgendem Schema verwendet werden:

$$g_{\mathrm{I}}(t) = \frac{1}{T} h_{\mathrm{P}}(t) ,$$

$$a_{\mathrm{P}}(t) = T\, h_{\mathrm{I}}(t) ,$$

$$g_{\mathrm{P}}(t) = \frac{1}{T} h_{\mathrm{D}}(t) ,$$

$$a_{\mathrm{D}}(t) = T\, h_{\mathrm{P}}(t) ,$$

$$g_{\mathrm{D}}(t) = \frac{1}{T} h_{\mathrm{D}^2}(t) ,$$

$$a_{\mathrm{D}^2}(t) = T\, h_{\mathrm{D}}(t)$$

bzw.

$$h_{\mathrm{I}}(t) = \frac{1}{T} a_{\mathrm{P}}(t) ,$$

$$h_{\mathrm{P}}(t) = T\, g_{\mathrm{I}}(t) = \frac{1}{T} a_{\mathrm{D}}(t) ,$$

$$h_{\mathrm{D}}(t) = T\, g_{\mathrm{P}}(t) = \frac{1}{T} a_{\mathrm{D}^2}(t) ,$$

$$h_{\mathrm{D}^2}(t) = T\, g_{\mathrm{D}}(t) .$$

6. Die Tafeln können auch als Tafeln zur Laplace-Transformation verwendet werden, wenn $p = j\omega$ durch das komplexe s ersetzt wird unter Beachtung der Regel

$$h(t) = \mathfrak{L}^{-1}\left(\frac{F(s)}{s}\right)$$

bzw.

$$F(s) = s\, \mathfrak{L}\, h(t) .$$

4.1. I-, P- und D-Glieder mit Verzögerung 1. Ordnung

	$V(p) = \dfrac{1}{1 + Tp}$	T1
$F(p)$	$h(t)$	Typ
$\dfrac{K}{Tp} V(p)$	$K\left(\dfrac{t}{T} - 1 + e^{-t/T}\right)$	I — T1
$K\ V(p)$	$K\ (1 - e^{-t/T})$	P — T1
$KTp\ V(p)$	$K\ e^{-t/T}$	D — T1

4.2. I-, P-, D- und D²-Glieder mit aperiodischer Verzögerung 2. Ordnung

	$V(p) = \dfrac{1}{(1 + T\,p)\,(1 + b\,T\,p)} \qquad b \neq 1$	T2
$F(p)$	$h(t)$	Typ
$\dfrac{K}{Tp}\,V(p)$	$K\left(\dfrac{t}{T} - (1 + b) + \dfrac{e^{-t/T}}{1 - b} - \dfrac{b^2 e^{-t/bT}}{1 - b}\right)$	I — T2
$K\,V\,(p)$	$K\left(1 - \dfrac{e^{-t/T}}{1 - b} + \dfrac{b\,e^{-t/bT}}{1 - b}\right)$	P — T2
$K\,T\,p\,V(p)$	$\dfrac{K}{1 - b}\,(e^{-t/T} - e^{-t/bT})$	D — T2
$K\,T^2\,p^2 V(p)$	$\dfrac{K}{1 - b}\left(\dfrac{e^{-t/bT}}{b} - e^{-t/T}\right)$	D² — T2

4.3. I-, P-, D- und D²-Glieder mit periodischer Verzögerung 2. Ordnung

	$V(p) = \frac{1}{1 + 2\,D\,T\,p + T^2 p^2}$ $0 < D < 1$, $\varphi = \arccos D$, $0 < \varphi < \frac{\pi}{2}$	T*2
$F(p)$	$h(t)$	Typ
$\frac{K}{Tp}\,V(p)$	$K\left(\frac{t}{T} - 2\,D + \frac{e^{-Dt/T}}{\sqrt{1-D^2}} \sin\left(\sqrt{1-D^2}\,t/T + 2\varphi\right)\right)$	I — T*2
$K\,V(p)$	$K\left(1 - \frac{e^{-Dt/T}}{\sqrt{1-D^2}} \sin\left(\sqrt{1-D^2}\,t/T + \varphi\right)\right)$	P — T*2
$K\,T\,p\,V(p)$	$K\,\frac{e^{-Dt/T}}{\sqrt{1-D^2}} \sin\left(\sqrt{1-D^2}\,t/T\right)$	D — T*2
$K\,T^2\,p^2\,V(p)$	$K\,\frac{e^{-Dt/T}}{\sqrt{1-D^2}} \sin\left(-\sqrt{1-D^2}\,t/T + \varphi\right)$	D² — T*2

4.4. I-, P-, D- und D²-Glieder mit aperiodischer Verzögerung 3. Ordnung und drei verschiedene Zeitkonstanten

	$V(p) = \frac{1}{(1 + T p)(1 + b T p)(1 + c T p)}$ $\qquad b \neq c \neq 1$	T3$^{\neq}$
$F(p)$	$h(t)$	Typ
$\frac{K}{Tp} V(p)$	$K\left(\frac{t}{T} - (1 + b + c) + \frac{e^{-t/T}}{(1-b)(1-c)} - \frac{b^3 e^{-t/bT}}{(1-b)(b-c)} - \frac{c^3 e^{-t/cT}}{(1-c)(c-b)}\right)$	I — T3$^{\neq}$
$K V(p)$	$K\left(1 - \frac{e^{-t/T}}{(1-b)(1-c)} + \frac{b^2 e^{-t/bT}}{(1-b)(b-c)} + \frac{c^2 e^{-t/cT}}{(1-c)(c-b)}\right)$	P — T3$^{\neq}$
$K T p V(p)$	$K\left(\frac{e^{-t/T}}{(1-b)(1-c)} - \frac{b\, e^{-t/bT}}{(1-b)(b-c)} - \frac{c\, e^{-t/cT}}{(1-c)(c-b)}\right)$	D — T3$^{\neq}$
$K T^2 p^2 V(p)$	$K\left(-\frac{e^{-t/T}}{(1-b)(1-c)} + \frac{e^{-t/bT}}{(1-b)(b-c)} + \frac{e^{-tcT}}{(1-c)(c-b)}\right)$	D²— T3$^{\neq}$

4.5. I-, P-, D- und D²-Glieder mit periodischer Verzögerung 3. Ordnung

	$V(p) = \dfrac{1}{(1+bTp)\,(1+2DTp+T^2p^2)}$ $0 < D < 1$, $\varphi = \arccos D$, $0 < \varphi < \pi 2$	T*3
$F(p)$	$h(t)$	Typ
$\dfrac{K}{Tp}\,V(p)$	$K\left(\dfrac{t}{T} - (b+2D) + \dfrac{b^3 e^{-t/bT} + \dfrac{e^{-Dt/T}}{\sqrt{1-D^2}}\left((1-2Db)\sin(\sqrt{1-D^2}\,t/T+2\varphi)+b\sin(\sqrt{1-D^2}\,t/T+\varphi)\right)}{b^2-2Db+1}\right)$	I — T*3
$K\,V(p)$	$K\left(1 - \dfrac{b^2 e^{-t/bT} + \dfrac{e^{-Dt/T}}{\sqrt{1-D^2}}\left((1-2Db)\sin(\sqrt{1-D^2}\,t/T+\varphi)+b\sin(\sqrt{1-D^2}\,t/T)\right)}{b^2-2Db+1}\right)$	P — T*3
$K\,Tp\,V(p)$	$\dfrac{K}{b^2-2Db+1}\left(b\,e^{-t/bT} + \dfrac{e^{-Dt/T}}{\sqrt{1-D^2}}\left((1-2Db)\sin(\sqrt{1-D^2}\,t/T)+b\sin(\sqrt{1-D^2}\,t/T-\varphi)\right)\right)$	D — T*3
$K\,T^2\,p^2\,V(p)$	$\dfrac{K}{b^2-2Db+1}\left(-e^{-t/bT} - \dfrac{e^{-Dt/T}}{\sqrt{1-D^2}}\left((1-2Db)\sin(\sqrt{1-D^2}\,t/T-\varphi)+b\sin(\sqrt{1-D^2}\,t/T-2\varphi)\right)\right)$	D² — T*3

4.6. I-, P-, D- und D²-Glieder mit aperiodischer Verzögerung 3. Ordnung und zwei gleichen Zeitkonstanten

	$V(p) = \frac{1}{(1 + T\,p)\,(1 + T\,b\,p)^2}$ $b \neq 1$	T3^2=
$F(p)$	$h(t)$	Typ
$\frac{K}{Tp}\,V(p)$	$K\left(\frac{t}{T} - (1 + 2b) + \frac{e^{-t/T}}{(1-b)^2} - \left(\frac{b^2\,(3 - 2b)}{(1-b)^2} + \frac{b}{1-b}\,\frac{t}{T}\right) e^{-t/bT}\right)$	I — T3^2=
$K\,V(p)$	$K\left(1 - \frac{e^{-t/T}}{(1-b)^2} + \left(\frac{b\,(2-b)}{(1-b)^2} + \frac{1}{1-b}\,\frac{t}{T}\right) e^{-t/bT}\right)$	P — T3^2=
$K\,T\,p\,V(p)$	$K\left(\frac{e^{-t/T}}{(1-b)^2} - \left(\frac{1}{(1-b)^2} + \frac{1}{b(1-b)}\,\frac{t}{T}\right) e^{-t/bT}\right)$	D — T3^2=
$K\,T^2\,p\,V(p)$	$K\left(-\frac{e^{-t/T}}{(1-b)^2} + \left(\frac{1}{(1-b)^2} + \frac{1}{b^2\,(1-b)}\,\frac{t}{T}\right) e^{-t/bT}\right)$	D^2—T3^2=

4.7. I-, P-, D- und D²-Glieder mit aperiodischer Verzögerung n-ter Ordnung ($n \geqq 2$) und gleichen Zeitkonstanten

	$V(p) = \frac{1}{(1 + T\,p)^n}$ $n \geqq 2$	$T\overline{\overline{n}}$
$F(p)$	$h(t)$	Typ
$\frac{K}{Tp} V(p)$	$K\left(\frac{t}{T} - n + e^{-t/T} \sum_{r=0}^{n-1} \frac{n-r}{r!} \left(\frac{t}{T}\right)^r\right)$	$I - T\overline{\overline{n}}$
$K\,V(p)$	$K\left(1 - e^{-t/T} \sum_{r=0}^{n-1} \frac{(t/T)^r}{r!}\right)$	$P - T\overline{\overline{n}}$
$K\,T\,p\,V(p)$	$\frac{K}{(n-1)!} \left(\frac{t}{T}\right)^{n-1} e^{-t/T}$	$D - T\overline{\overline{n}}$
$K\,T^2\,p^2\,V(p)$	$\frac{K}{(n-2)!} \left(\frac{t}{T}\right)^{n-2} e^{-t/T} \left(1 - \frac{t/T}{n-1}\right)$	$D^2 - T\overline{\overline{n}}$

4.8. I-, P-, D- und D²-Glieder mit aperiodischer Verzögerung n-ter Ordnung ($n \geqq 2$) und Zeitkonstanten, gestaffelt nach der harmonischen Folge

	$V(p) = \dfrac{1}{\prod\limits_{r=1}^{n}\left(1 + \dfrac{T}{r} P\right)}$ $\qquad n \geqq 2$	$\mathrm{T}n^{1/n}$
$F(p)$	$h(t)$	Typ
$\dfrac{K}{Tp} V(p)$	$K\left(\dfrac{t}{T} - \sum\limits_{r=0}^{n-1}\binom{n}{r}\dfrac{(-1)^{(n-r)}}{n-r}(e^{-t(n-r)/T} - 1)\right)$	$\mathrm{I} - \mathrm{T}n^{1/n}$
$K\,V(p)$	$K\,(1 - e^{-t/T})^{n}$	$\mathrm{P} - \mathrm{T}n^{1/n}$
$K\,T\,p\,V(p)$	$K\,n\,e^{-t/T}\,(1 - e^{-t/T})^{(n-1)}$	$\mathrm{D} - \mathrm{T}n^{1/n}$
$K\,T^2\,p^2\,V(p)$	$K\,n\,(n\,e^{-t/T} - 1)\,e^{-t/T}\,(1 - e^{-t/T})^{(n-2)}$	$\mathrm{D}^2 - \mathrm{T}n^{1/n}$

Literaturverzeichnis

1. Nachschlagewerke

[1] *Bayerl, V.*, und *Quarg, M.* (Hrsg.): Taschenbuch des Chemietechnologen. 2. Aufl. Leipzig: VEB Deutscher Verlag für Grundstoffindustrie 1965. Abschn. 4.: Grundlagen der Regelungstechnik (*Schwarze, G.*), S. 184—232; Abschn. 5.: Geräte und Verfahren der Regelungstechnik (*Gena, H.*), S. 233 bis 280.

[2] *Berndt, G.*, *Fronius, St.*, *Häußler, W.*, *Kortum, H.*, und *Tränkner, G.* (Hrsg.): Taschenbuch Maschinenbau. Berlin: VEB Verlag Technik 1965. Abschn. 13.: Automatisierungstechnik (*Kortum, H.*, *Müller, R.*, *Straube, F.*, *Winkler, H.*), S. 1217—1404.

[3] *Grabbe, E. M.*, *Ramo, S.*, und *Wooldridge, D. E.* (Hrsg.): Handbook of Automation, Computation and Control. Vol. 1: Control Fundamentals. Vol. 2: Computers and Data Processing. Vol. 3: Systems and Components. New York: John Wiley & Sons, Inc. 1958.

[4] *Kretzer, K.* (Hrsg.): Handbuch für Hochfrequenz- und Elektro-Techniker. Bd. IV. Berlin-Borsigwalde: Verlag für Radio-Foto-Kinotechnik GmbH. 1957. Kap.: Die Elektronik in der Steuerungs- und Regelungstechnik (*Brungsberg, H.*, und *Weitner, G.*), S. 571—660.

[5] *Oppelt, W.:* Kleines Handbuch technischer Regelvorgänge. 4. Aufl. Berlin: VEB Verlag Technik 1964.

[6] *Philippow, E.* (Hrsg.): Taschenbuch Elektrotechnik. Bd. 1: Grundlagen. Berlin: VEB Verlag Technik 1963. Abschn. 11.: Regelungstechnik (*Kindler, H.*, und *Reinisch, K.*), S. 1057—1196.

[7] *Truxal, J. G.:* Entwurf automatischer Regelsysteme. Wien und München: R. Oldenbourg 1960.

2. Einzelveröffentlichungen

[8] *Reinisch, K.:* Formel zur Bemessung von Regelkreisen einschließlich Totzeit unter Einwirkung determinierter aperiodischer Störungen. msr **7** (1964) H. 3, S. 94—101.

[9] *Schwarze, G.:* Überschlägige Berechnung von Regelkreisen mit Regelstrecke mit Ausgleich auf Grund von Kennwerten der Einzelglieder. Zmsr **3** (1960) H. 9, S. 385—393.

[10] *Schwarze, G.:* Übersicht über die Zeitprozentkennwertmethode zur Ermittlung der Übertragungsfunktion, Übergangsfunktion und Anstiegsantwort. msr **8** (1965) H. 10, S. 356—359.

[11] *Strejc, V.:* Möglichkeiten zur besseren praktischen Anwendung der Regelungstheorie. Prag: Veröffentlichungen der Tschechoslowakischen Wissenschaftlichen und Technischen Gesellschaft für Elektrotechnik 1958 (tschechisch).

[12] *Strejc, V.:* Approximation aperiodischer Übergangscharakteristiken. Zmsr **3** (1960) H. 3, S. 115—124.

[13] *Strobel, H.:* Das Approximationsproblem der experimentellen Systemanalyse msr 10 (1967) H. 12, msr 11 (1968) H. 1 u. H. 2

[14] Informationsdienst des Instituts für Regelungstechnik Berlin. IfR-Arbeitsblatt, Reihe Kennwertermittlung, Blatt 1.01—1.15.

[15] TGL 14091 Steuerungs- und Regelungstechnik: Kennzeichen und Symbole.

[16] TGL 14591 bzw. DIN 19226 Steuerungs- und Regelungstechnik: Begriffe und Benennungen.

3. Bände der REIHE AUTOMATISIERUNGSTECHNIK

RA 1 RA 4 RA 6 RA 10 RA 11 RA 15 RA 20 RA 30
RA 33 RA 34 RA 36 RA 39 RA 40

GPSR Compliance

The European Union's (EU) General Product Safety Regulation (GPSR) is a set of rules that requires consumer products to be safe and our obligations to ensure this.

If you have any concerns about our products, you can contact us on ProductSafety@springernature.com

In case Publisher is established outside the EU, the EU authorized representative is:

Springer Nature Customer Service Center GmbH
Europaplatz 3
69115 Heidelberg, Germany

Batch number: 10577919

Printed by Printforce, the Netherlands